AF389805

COLLECTION

DE

MAMMIFÈRES

DU MUSÉUM D'HISTOIRE NATURELLE.

COLLECTION

DE

MAMMIFERES

DU MUSÉUM D'HISTOIRE NATURELLE.

CLASSÉE

Suivant la Méthode de M. Cuvier, Secrétaire perpétuel de l'Institut, et Professeur d'Anatomie comparée au Muséum d'Histoire Naturelle.

DESSINÉE D'APRÈS NATURE,

Par Huet fils, Dessinateur du Muséum d'Histoire Naturelle de Paris, et de la Ménagerie de Sa Majesté l'Impératrice et Reine; et gravée pr J.-B. Huet, jeune.

ACCOMPAGNÉE

D'un Texte descriptif et d'un Tableau des Ordres, des Familles et des Caractères appartenant à chacune d'elles.

A PARIS,

Chez { TREUTTEL et WURTZ, Libraire, Rue de Lille;
ARTHUS BERTRAND, Libraire, Rue Hautefeuille, Nᵒ 13.

===

An 1808.

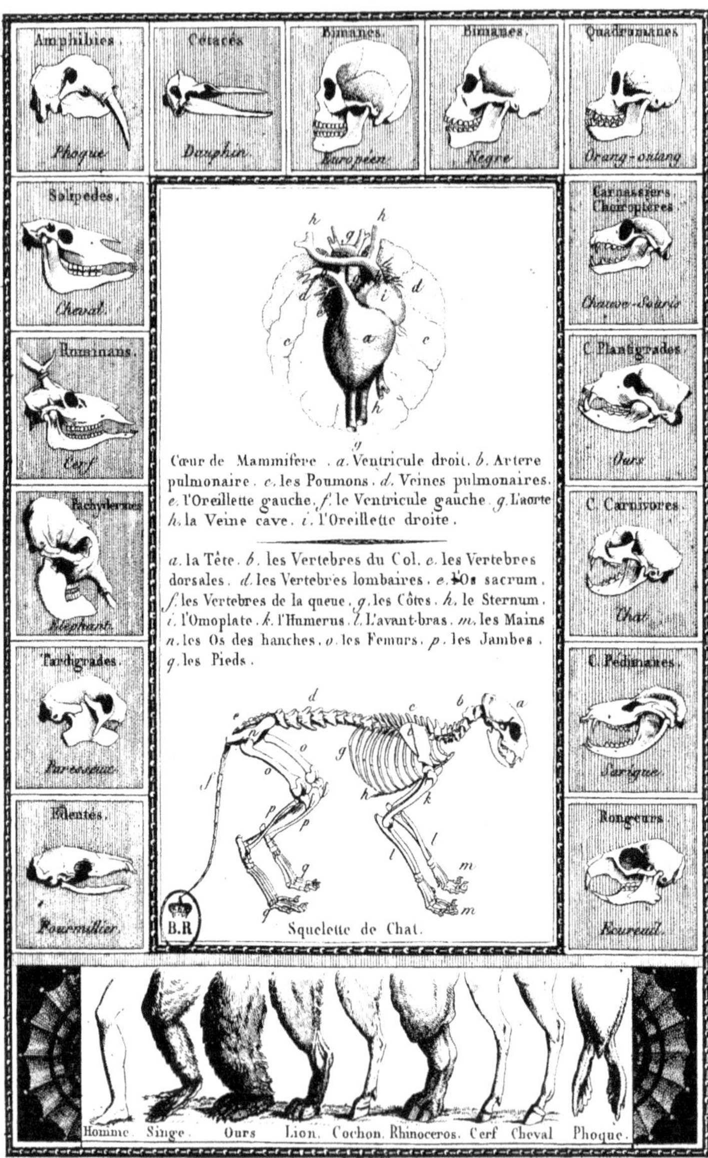

Amphibies
Phoque
Cétacés
Dauphin
Bimanes
Européen
Bimanes
Negre
Quadrumanes
Orang-outang
Solipedes
Cheval
Carnassiers Chéiroptères
Chauve-Souris
Ruminans
Cerf
C. Plantigrades
Ours
Pachydermes
Elephant
C. Carnivores
Chat
Tardigrades
Paresseux
C. Pédimanes
Sarigue
Edentés
Fourmilier
Rongeurs
Ecureuil
Cœur de Mammifere . a. Ventricule droit. b. Artere pulmonaire. c. les Poumons. d. Veines pulmonaires. e. l'Oreillette gauche. f. le Ventricule gauche. g. L'aorte h. la Veine cave. i. l'Oreillette droite.
a. la Tête. b. les Vertebres du Col. c. les Vertebres dorsales. d. les Vertebres lombaires. e. l'Os sacrum. f. les Vertebres de la queue. g. les Côtes. h. le Sternum. i. l'Omoplate. k. l'Humerus. l. L'avant-bras. m. les Mains n. les Os des hanches. o. les Femurs. p. les Jambes. q. les Pieds.
B.R
Squelette de Chat.
Homme. Singe. Ours. Lion. Cochon. Rhinoceros. Cerf. Cheval. Phoque.
Huet fils del. et Sculp.

AVIS

DE L'ÉDITEUR.

CET ouvrage présente l'ensemble des Mammifères classés suivant la méthode de M. Cuvier. On y a joint un tableau des ordres, des familles et des caractères appartenant à chacunes, tels que l'indique ce célèbre Professeur.

En regard de ce tableau, la gravure représente ces caractères; une anatomie et le squelette du chat, qui donnera une idée de la charpente osseuse.

Tous les sujets ont été scrupuleusement dessinés d'après nature, par M. Huet fils, l'un des dessinateurs du Muséum d'histoire naturelle de Paris, et peintre de la ménagerie de sa majesté l'Impératrice-Reine, et gravés par J.-B. Huet, son frère. La description puisée dans nos meilleurs auteurs, en est simple et courte, la nature de l'ouvrage le demandoit ainsi.

Les animaux présentent aux amateurs un dessin vrai, une touche élégante; leur arrangement satisfera également ceux qui voudront connoître plus particulièrement leurs habitudes et leur utilité. Si le public encourage cet essai, l'éditeur se propose de lui offrir de suite les oiseaux qui formeront un ensemble non moins intéressant sous les rapports du dessin et de la science.

A

CLASSIFICATION

DES

MAMMIFÈRES.

ORDRES.		FAMILLES.

ORDRES.

FAMILLES.

I. **Les trois sortes de dents.**

I. Les BIMANES, pouces séparés aux extrémités supérieures seulement.

II. Les QUADRUMANES, pouces séparés aux quatre pieds.

III. Les CARNASSIERS.

    A. Les Cheiroptères, Mains alongées, membranes s'étendant du cou à l'anus, entre les pieds.

    B. Les Plantigrades. Point de pouces séparés : plante entière du pied appuyée sur le sol.

    C. Les Carnivores. Point de pouces séparés, pieds n'appuyant que sur les doigts.

    D. Les Pédimanes. Pouces séparés aux pieds de derrière seulement.

I. A ONGLES.

Défaut d'une sorte de dents.

IV. Les RONGEURS. Défaut de canines seulement.

V. Les EDENTES. Défaut d'incisives et de canines.

VI. Les TARDIGRADES. Défaut d'incisives seulement.

II. A SABOTS. . . . .

VII. Les PACHYDERMES. Plus de deux doigts, plus de deux sabots.

VIII. Les RUMINANS. Deux doigts, deux sabots.

IX. Les SOLYPEDES. Un seul doigt, un seul sabot.

III. A PIEDS EN NAGEOIRE. . . . . .

X. Les AMPHIBIES. Quatre pieds.

XI. Les CÉTACÉS. Point de pieds de derrière.

ORDRE I.

A ONGLES.

F. I. LES BIMANES.

Pouces séparés aux extrémités supérieures seulement.

L'HOMME $\left\{\begin{array}{l}\textit{Blanc.}\\ \textit{Noir.}\end{array}\right.$

L'HOMME sembleroit ne devoir point appartenir à la classe des animaux. Son intelligence, son discernement, la faculté de penser, dont il est doué au suprême degré, le distingue essentiellement ; mais sa conformation, sur-tout son organisation, est à-peu-près la même, et c'est sous ce point de vue qu'il nous faut ici le considérer.

En général, tous les êtres qui peuvent changer de place à volonté, sont des animaux. Ils sont distingués par la présence ou l'absence des vertèbres. Les uns ont le sang chaud, les autres le sang froid. Ceux qui ont le sang chaud se distinguent encore par la manière dont ils engendrent leurs petits vivans, ou enfermés dans un œuf. Les premiers sont les Mammifères.

Le corps des Mammifères est, en général, couvert de poils, on y voit

l'Homme blanc.

des mamelles au moyen desquelles ils offrent à leurs petits du lait qui les nourrit. Le corps se partage en trois parties : La *tête*, le *tronc* et les *soutiens*.

La *tête* est le séjour des principaux organes des sens.

La bouche, le nez, les yeux et les oreilles.

La *bouche* sert à l'animal pour prendre sa nourriture ; ses dents varient par le nombre, la forme et la disposition, aussi servent-elles à les distinguer.

La tête tient au tronc, par le *cou* qui est plus ou moins long, plus ou moins gros. On distingue dans le tronc, le *dos* et le *ventre* qui se partage en trois parties ; la *poitrine*, le *ventre* proprement dit et l'*anus*. Cette dernière est ordinairement cachée par la queue.

On appelle *soutiens*, les instrumens destinés à soutenir les mammifères dans un milieu quelconque ; ce sont les *pieds*.

Le corps et ses différentes parties, sont couverts par la *peau*.

La description des parties internes des Mammifères devient ici nécessaire, puisque le jeu de ces différens organes et la continuité de leurs fonctions, produisent, entretiennent et constituent la vie.

La *circulation* est un fluide chaud et rouge, appelé *sang*, qui part d'un réservoir commun, le *cœur*, pour y parcourir des vaisseaux nommés *artères*, et qui y est reporté par d'autres vaisseaux que l'on nomme *veines*. Si le mouvement alternatif s'arrête, c'est la cessation de l'existence.

L'atmosphère qui nous environne, composé de différens airs, aspiré par la bouche, pénètre le *poumon*, corps spongieux qui en sépare l'air vital et la chaleur nécessaire pour entretenir la fluidité du sang. C'est ce qui constitue la *respiration*.

La *digestion* consiste à extraire des alimens les sucs nourriciers qu'ils renferment ; ce sont les dents qui les broient et la salive qui les humectent. Réduits en pâte, ils entrent dans un canal qui les conduit jusqu'à l'estomac. Là, les alimens y sont encore broyés par le frottement des membranes qui le composent, et dissous par de nouveaux sucs.

En quittant l'*estomac*, le canal alimentaire se retrécit, se contourne, et prend le nom d'*intestins*. Ce qui n'a pas été tranformé en *chyle* traverse les sinuosités et s'échappe par l'*anus*.

La *nutrition* est la suite de la digestion et de la circulation. Chaque organe se nourrit ou se répare au moyen d'un suc particulier qu'il sépare du sang. C'est ainsi que les os croissent avec l'âge et qu'ils se réunissent après avoir été brisés.

Le corps des Mammifères est soutenu par les os où s'attachent les *muscles*; ces muscles, en se contractant, font jouer toutes les parties du corps.

Outre les muscles on voit des *nerfs* qui se prolongent dans la cavité de l'épine du dos appelée *moële épinière*, et se réunissent par paires au cerveau ; ils éprouvent du plaisir ou de la douleur, suivant la nature des corps qui pincent ces cordes. C'est ce qui produit la *sensibilité*.

Tous les mammifères peuvent faire entendre des sons, l'homme seul peut prononcer des mots.

On appelle *gestation*, la durée du temps pendant lequel la femelle porte ses petits dans ses flancs. Elle ne les quitte point tant qu'ils ne peuvent se procurer eux-mêmes la nourriture qui leur est nécessaire, elle les alaite et les protège. Le mâle rarement partage avec elle ses soins.

Leurs usages particuliers sont nombreux, ils fournissent à l'homme leur *chair*, leur *sang*, leur *graisse*, leur *lait* pour sa nourriture ; leur *toison*, pour s'habiller et se couvrir. Leur *peau* sert à divers usages. Quelques-uns de ces animaux l'aident dans ses travaux champêtres, d'autres partagent ses dangers au milieu des combats. *Enfin*, il n'est pas inutile de connoître leur histoire pour soigner et multiplier les espèces utiles, et anéantir celles qui sont nuisibles.

l'Homme noir.

La famille des Bimanes ne contient que l'homme et ses variétés. La race blanche, à laquelle appartiennent les peuples policés de l'Europe, paroît la plus belle de toutes, et l'emporte incontestablement par la force du génie, le courage et l'activité. On peut comprendre dans la même race, les Tartares, les Circassiens, les Persans, les Maures, les Abyssins; ces peuples dans le nord sont plus grands et plus blancs, leurs cheveux sont blonds, leurs yeux bleus; dans le midi, au contraire, ils sont basanés, souvent bruns, ils ont les cheveux et les yeux noirs.

Les peuples du nord des deux continens, tels que les Lapons en Europe, les Samoïèdes, Ostiaques etc.; en Asie; les Groélandais et Esquimaux en Amérique sont très-bruns, ont le visage et les cheveux plats et noirs. Leur corps est trapu et court.

La *Race Mongole* a le front plat; le nez petit; les joues saillantes; très-peu de barbe, de petits yeux obliques, de grosses lèvres et un teint plus ou moins jaunâtre.

Les *Nègres* habitent toutes les côtes du midi de l'Afrique depuis le Sénégal jusqu'à la mer rouge, outre leur noirceur on les distingue à leur nez épaté; à leur front plat, à leurs joues proéminantes, à leurs cheveux crépus. Les plus noirs sont ceux de Guinée.

L'Amérique étoit peuplée d'hommes de couleur de cuivre rouge; à cheveux longs. Cette race comprend les peuples sauvages de cette partie du monde, et ce qui reste des Mexicains et des Péruviens. C'est vers la pointe méridionale de ce continent qu'on trouve des hommes de la plus grande taille connus sous le nom de *Patagons*.

Les différentes couleurs qui imprègnent ces variétés de l'espèce humaine, résident, non dans l'épiderme; mais dans le tissu muqueux et séticulaire qui est immédiatement au-dessous.

Il n'est pas douteux que l'homme est destiné à marcher debout; la position de son tronc occipital tient sa tête en équilibre sur le cou; la largeur de son pied donne à tout le corps une base étendue, et la force des muscles qui composent ses fesses et ses mollets, maintient les jambes et les cuisses droites et fermes. Aucun autre animal ne réunit ces divers moyens ; l'homme ne pourroit marcher comme les animaux, ses yeux seroient dirigés contre terre. A sa naissance, l'homme ne peut subsister que par le secours de ses parens ; il a un penchant naturel à la sociabilité. C'est le langage qui rend commun à toute l'espèce les observations et les découvertes de chaque individu. Ces observations ont produit la science, et ont donné naissance aux arts. Par le moyen des arts, l'homme a su se procurer une nourriture agréable, des habitations commodes. L'homme n'est parvenu à se multiplier et à perfectionner ses arts et ses connoissances, que lorsque la propriété des terres lui a permis de se livrer à l'agriculture, au moyen de laquelle le travail d'une partie des membres de la société peut nourrir tous les autres et leur donner le temps de s'occuper des arts moins nécessaires.

Les hommes vivant dans tous les climats, ne craignent aucun des animaux, ils les détruisent ou les confinent dans les déserts ; l'homme seul semble devoir nuire à son semblable. Les Sauvages se disputent leurs forêts où ils chassent ; les Nomades, les pâturages qu'ils destinent à leurs troupeaux. Les peuples civilisés s'égorgent pour les prérogatives de l'orgueil.

Ici l'homme cesse d'être du domaine de l'Histoire naturelle.

1. l'Orang-outan.   2. le Coaita.

F. II. LES QUADRUMANES

A QUATRE MAINS.

I. LES SINGES.

De tous les mannifères, le singe est celui qui ressemble le plus à l'homme. Comme lui il a quatre incisives à la mâchoire, deux mamelles sur la poitrine ; cinq doigts à tous les pieds, etc. ; mais les pouces de ses pieds de derrière sont écartés des autres doigts comme ceux des mains ; de là on le nomme *quadrumane*. Les espèces de singes sont très-nombreuses ; elles se distinguent par la grandeur, la couleur, l'absence ou les diverses longueurs de la queue, et encore par la forme de la tête.

L'ORANG-OUTANG.

Ce singe habite dans les parties les plus reculées des Indes orientales. Presque semblable à l'homme par son adresse, son intelligence et sa gravité ; quelques nations lui ont donné le nom d'*homme sauvage*. Il manque de fesses et de gras de jambes, et ne peut marcher debout qu'en se soutenant sur un bâton. Il ne peut articuler aucun son à cause d'un sac qui communique avec son *larynx*, et qui rend sa voix sourde. Tout son corps est couvert de poils roux. Seul parmi les singes connus, il manque d'ongles aux pouces de derrière.

LE COAITA.

Les Sapajous sont habitans du nouveau Continent ; ils ont la queue *prenante*, c'est-à-dire, que l'animal peut s'en servir comme d'une main, en entortillant son extrémité à un corps quelconque. Le Coaita, vrai Sapajou, a la mine très-éveillée et fort agréable, son poil est noir, ses membres sont grêles, et le pouce des mains de devant est entièrement caché sous la peau ; il a beaucoup d'adresse et d'intelligence, il devient familier, mais il ne peut supporter le froid de nos climats.

LE MARIKINA.

LE Marikina est un Sapajou ; on le nomme vulgairement *Singe - Lion*. Il habite le nouveau Continent. Il est blanc, et a la tête entourée d'une crinière fauve.

LE MONE.

LE Mone est dans les espèces de Guenons qui habitent toutes dans l'ancien Continent, sur-tout en *Afrique*. Elles sont nombreuses, de grandeurs et de couleurs très-variées, vivent en troupes et dévastent les jardins et les champs cultivés. Le Mone est varié de blanc, de noir et de brun. On le nomme aussi *vieillard*, à cause de sa longue barbe. Il est vif, alerte, d'un naturel assez doux ; il s'apprivoise aisément. C'est, avec le Magot, l'espèce qui s'accommode le mieux de la température de notre climat. « Cela seul suffiroit, dit Buffon, pour prouver que le Mone n'est point » originaire des pays les plus chauds de l'Afrique et des Indes méridionales ; » et il se trouve en effet en Barbarie, en Arabie ; en Perse, et dans les » autres parties de l'Asie qui étoient connues des anciens ». Susceptible d'éducation, timide, on le rend obéissant en le menaçant. Ses joues sont comme deux poches qui lui servent de magasin pour conserver des provisions d'alimens.

Huet fils del.

1. le Marikina.   2. le Mone.

J. B. Huet, fe.

1. L'Hamadryas.   2. Le Mandrill.

Huet, fils del.

J. B. Huet sc.

L'HAMADRYAS.

Cᴇ Singe n'avoit point encore été vu à Paris, lorsque des batteleurs l'amenèrent en cette Ville en 1806. Cet animal présente des formes fort agréables ; on le vit avec plaisir : mais soit qu'il fût mal soigné, soit qu'il ne pût supporter la température de notre climat, il mourut. Ses propriétaires désirant le faire empailler, l'apportèrent au Muséum d'Histoire Naturelle qui en fit l'acquisition. Le squelette précieusement monté se voit à la gallerie des anatomies, et la peau bien conservée dans celle des animaux. De son vivant, M. Huet l'avoit dessiné pour le Muséum.

LE MANDRILL.

Lᴇ Mandrill est dans les Babouins à museau alongé à abajoues, à fesses calleuses, à queue courte et nulle. Ce. sont des êtres hideux, d'une férocité indomptable, et d'une brutalité dégoutante.

Le Mandrill a le poil brun, le museau sillonné de couleur bleue ; Ses fesses sont rouges et violettes. Est-il âgé, son nez se colore d'un rouge vif qui contraste horriblement avec le bleu de ses joues, ce qui a motivé l'erreur de quelques naturalistes qui l'ont pris alors pour une autre espèce. Il a, ainsi que le Pongo, un grand sac membraneux en communication avec le larynx, qui s'enfle lorsqu'ils crient. On trouve le Mandrill en Guinée.

LES MAKIS.

ON a compris sous ce nom de Makis, tous les Quadrumanes différens des Singes par le nombre et la direction des incisives, et parce qu'ils ont le museau, en général, plus pointu, ce qui fait que l'on les nomme *Singes à museau de renard.*

LE MOCOCO.

LE Mococo est gris, a la queue annelée de blanc et de noir; il présente une physionomie fine, une figure élégante et svelte, un poil toujours propre et lustré; il est remarquable par la grandeur de ses yeux, par la hauteur de ses jambes de derrière, plus longues que celles de devant, quoiqu'il ressemble en beaucoup de choses aux Singes, il n'en a ni la malice ni le naturel. Ses mains sont douces. Vif, éveillé, toujours en mouvement, sa pétulance le rend incommode; c'est ce qui oblige de le mettre à la chaîne. Sa marche est oblique et de mauvaise grâce, comme celle de tous les animaux qui ont quatre mains. Il saute de meilleure grâce qu'il ne marche. Pour dormir, il s'assied, le museau appuyé sur sa poitrine. A Madagascar sa patrie, on en voit des troupes de trente ou quarante.

LE MAKI BRUN ou MONGOUS.

MAKI brun est le nom vulgaire du Mongous, celui-ci est moins joli et moins propre que le Mococo. Tous deux ont, comme les singes, beaucoup de goût pour les femmes, ils sont très-doux et même caressans. Quelques personnes ont remarqué qu'ils avoient une habitude naturelle assez singulière, c'est de prendre souvent devant le soleil une attitude d'admiration ou de plaisir. Il paroît que cette habitude vient de ce que ces animaux sont très-frileux. Le Mongous est plus petit que le Mococo. M. de Buffon en eut un chez lui pendant plusieurs années, on le tenoit à la chaîne et quand il pouvoit s'échapper, il entroit dans les boutiques du voisinage pour chercher des fruits, du sucre et sur-tout des confitures dont il ouvroit les boîtes. Le froid de l'hiver de 1750 le fit mourir, quoiqu'il ne fût pas sorti du coin du feu. Celui-ci étoit gros comme un chat et tout brun. Il en est de beaucoup plus gros.

le Maki Mococo.   2. le Maki Brun.

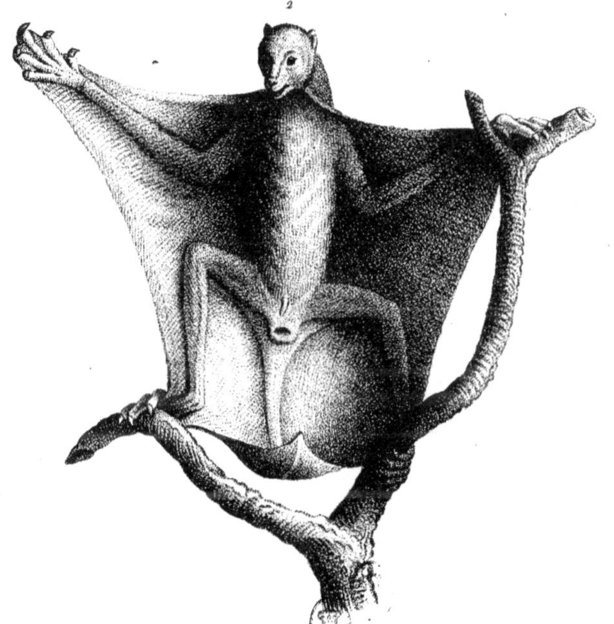

1. la Chauve Souris .   2. le Galéopithèque .

F. III· LES CARNASSIERS.

A. CHEIROPTÈRES.

Mains alongées, membranes s'étendant du cou à l'anus entre les pieds.

LA CHAUVE-SOURIS.

Les Chauves-Souris ont les bras, les avant-bras et sur-tout les quatre doigts, excessivement alongés, en sorte que la membrane fiue qui est étendue dessus forme une véritable aîle qui les met en état de voler. Elles ne volent que pendant le crépuscule ; le jour, elles se cachent. Les petites espèces vivent d'insectes qu'elles attrapent en volant. Les plus grandes attaquent les oiseaux, même les petits animaux. Toutes ont des mamelles à la poitrine, auxquelles elles portent leurs petits suspendus.

LE GALÉOPITHÈQUE.

Les Galéopithèques ne diffèrent des chauves-souris que parce que leurs pieds de devant n'ont pas les doigts plus alongés que ceux de derrière, et qu'ils sont munis d'ongles crochus et tranchans. Leur membrane est assez étendue pour leur donner le moyen de voltiger en descendant de branche en branche, elle est velue par-tout ainsi que leurs petites oreilles ; la queue est comprise dedans. Le cœcum est très-volumineux. Les Galéopithèques loin d'être des Makis, comme on l'avait pensé avant M. Pallas, n'appartiennent pas même à la classe des Quadrumanes ; on ne connoit que deux espèces de ce genre, le Galéopithèque roux et le Galéopithèque varié. Le premier est d'un roux de canelle vif sur le dos et pâle sous le ventre. Il est beaucoup plus gros que la chauve-souris. Sa tête est comme celle du renard, et il répand la même odeur. On le trouve dans les îles de l'Océan Indien. A Pelew c'est un mets de choix que l'on ne sert qu'aux personnes d'un rang distingué.

B. PLANTIGRADES.

Point de pouces séparés, plante entière du pied appuyée.

LE HÉRISSON.

Les Hérissons ont le corps couvert de piquans ; les membres courts ; le museau pointu, la queue courte ou nulle.

Ce petit animal a moins d'un pied de long, il lève et baisse à son gré ses piquans pour se défendre contre les autres animaux. Si on l'arrose d'eau, ses piquans se rabaissent. Il se nourrit de fruits et en partie de petits animaux. Il habite dans un terrier qu'il se creuse, ou dans le creux des arbres où il dort tout l'hiver. Il ne sort que la nuit, se roule sur les raisins ou les fruits tombés ou qu'il détache avec ses pattes, les enfile avec ses piquans, et s'en retourne ainsi chargé à sa demeure. Son accouplement se fait debout. Sa chair est une viande de carême pour les Espagnols.

LA MUSARAIGNE.

Ce petit animal ne voit pas bien clair, est peu agile, se nourrit de grain ; habite les greniers, des trous d'arbres, se retire en terre, pullule comme la souris. Les chats les tuent, mais ne les mangent point. Ils ont une odeur qui leur répugne. C'est de là qu'est né le préjugé que sa morsure était vénimeuse pour les bestiaux et pour les chevaux ; l'ouverture de sa bouche est trop petite pour qu'il puisse mordre.

Il est une Musaraigne d'eau, petit animal amphibie qui habite au bord des ruisseaux et des fontaines, la femelle met bas huit ou neuf petits.

1. le Hérisson.   2. la Musaraigne.

1 . La Taupe .   2 . l'Ours Blanc .

Huet fils del.   J. B. Huet fec.

LA TAUPE.

Les Taupes ont six incisives en haut, et huit en bas, égales, et les canines plus longues qu'elles ; le corps tout couvert de poils, le museau long, les mains larges et armées d'ongles plats et dirigés en arrière pour rejeter la terre qu'elles fouillent avec leur museau mobile. Les taupes se nourrissent d'insectes et de vers, en détruisent beaucoup ; c'est la seule chose où elles paroissent utiles, car elles font beaucoup de tort aux cultures en soulevant sans cesse la terre. Celle-ci est la taupe ordinaire, son poil est serré et doux et d'un très beau noir. On en trouve quelquefois de blanches et de pies. La Taupe habite l'Europe, l'Afrique et l'Asie, et n'est pas étrangère au nouveau Continent. Beaucoup de voyageurs oublient de parler de le Taupe, parce que, vivant dans ses demeures souterraines, elle se montre rarement.

L'OURS BLANC.

Les Ours proprement dits ont le corps trapu, les membres épais et la queue fort courte ; on ne les rencontre guère que dans les montagnes et les pays déserts ; ils dorment pendant toute la saison de l'hiver.

L'Ours blanc ne se trouve que dans le Nord, il diffère des autres par sa couleur et par ses proportions plus alongées. Il se nourrit communément de poisson ; mais s'il rencontre un homme il l'attaque avec fureur. Cet animal est très-cruel. M. Pallas qui a observé un ours blanc de mer qu'on lui avoit amené vivant de Kamtschatka, a remarqué que cet animal avoit la tête plus grande, le nez plus grand, la bouche moins fendue et les oreilles plus courtes que l'ours ordinaire. Le même naturaliste ajoute, que leur peau a sept ou huit pieds de long, mais on en voit de plus grandes. La femelle met bas au mois de Mars un petit seulement qu'elle dépose sur la glace, et lorsqu'elle voyage elle le porte sur son dos. Un chien bien dressé ne les attaque que par derrière, l'ours s'assied pour le recevoir ; c'est le moment de le tirer.

L'OURS BRUN.

On distingue plusieurs espèces de ces animaux, ils diffèrent par la couleur et par les mœurs. L'on voit en Moscovie, en Lithuanie des ours qui ne deviennent blancs que par la rigueur des froids de l'hiver, ainsi que l'hermine et le lièvre. L'Ours brun est plus carnassier que frugivore; on le voit dans les Alpes, en Savoie, au Canada.

L'OURS NOIR.

L'Ours noir préfère les fruits et le miel à la chair, il est plus farouche que méchant. Jeune il est susceptible de recevoir une certaine éducation; gesticule, danse, semble écouter le son des instrumens et suivre grossièrement la mesure. Quoiqu'il paroisse obéissant, il faut s'en méfier, et le conduire avec circonspection. Il est colérique. Généralement tous les ours ont les sens très-fins, sur-tout l'odorat. Leur voix est un grognement mêlé de frémissement lorsqu'ils sont en colère. La femelle a pour ses petits les soins les plus tendres. Elle ne redoute aucuns dangers lorsqu'il s'agit de les défendre. On leur fait la chasse; mais leur hardiesse en impose quelquefois au chasseur, ils reviennent sur le coup de fusil, et tâchent de le saisir et de l'étouffer dans leurs bras. Si on leur jette un pierre, un chapeau, ils courent après, c'est le moyen quelquefois d'échapper à leurs poursuites. L'ours fatigué par les chiens, s'adosse contre un arbre ou un rocher pour faire face à ses ennemis. Dans cette attitude, les chasseurs le tirent entre les épaules de devant ou près de l'oreille. Sa peau est de toutes les fourrures grossières la plus recherchée dans le Continent. La chair de l'onrs est assez bonne; mais celle des oursons est très-délicate. Dans l'automne ils sont recouverts de graisse jusqu'à dix doigts d'épaisseur. On la fait fondre, elle fournit une huile excellente à manger. On retire de l'ours un sain-doux aussi délicat que celui du cochon. Les pieds sont le mets le plus estimé.

LE

1. l'Ours Brun.   2. l'Ours d'Amérique.

1. le Blaireau.   2. la Mangouste

Huet fils del.   J. B. Huet sc.

LE BLAIREAU.

Lᴇs Blaireaux, en général, ont le corps plus bas sur jambes que les ours, et la queue médiocrement longue. Les molaires forment une série non-interrompue jusqu'aux canines.

Le Blaireau, proprement dit, est un animal de notre pays qui n'est point d'un naturel vorace : quoique farouche on, peut l'apprivoiser dans son extrême jeunesse. Comme l'ours, il passe sa vie solitaire dans des souterrains. Son gîte ténébreux est toujours propre, il y est quelquefois troublé par l'adresse du renard, qui cherche à s'en emparer. La femelle a presque toujours son domicile séparé. Le Blaireau se défend courageusement contre le basset, qui pénètre facilement dans son terrier. S'il est surpris en plaine par les chiens, il se couche sur le dos et leur fait de profondes blessures avec ses griffes et ses dents. Son poil est une fourrure grossière. Il a dessous la queue une espèce de poche, dont il suinte une liqueur onctueuse et fétide.

LA MANGOUSTE.

Lᴇs Mangoustes ont le corps très-alongé, la queue longue et pointue, le museau court et pointu, la langue hérissée de papilles dures.

La Mangouste ordinaire a le poil long, assez rude, gris brun ou cendré. On la nourrit aux Indes dans les maisons, où elle prend les souris comme les chats. En Egypte, elle détruit les œufs du crocodile. On dit même qu'elle s'élance dans sa gueule lorsqu'il dort, et qu'elle le fait périr en lui crevant le ventre. C'est elle qui étoit connue des anciens sous le nom d'*ichneumon*. Aujourd'hui on l'appelle, en Egypte, *rat de Pharaon*.

C

C. LES CARNIVORES.

Point de pouces séparés, pieds s'appuyant sur les doigts.

LA MARTE.

Les Martes ont, comme la plupart des animaux, compris sous le genre des ours, deux incisives à la mâchoire inférieure; leur corps est extrêmement alongé, et bas sur jambes; toutes manquent de *cæcum.* comme les plantigrades.

La Marte est très-commune dans le nord de l'Amérique, de l'Europe et de l'Asie; elle vit dans les bois, grimpe sur les arbres, attrappe avec finesse les oiseaux, dévore leurs œufs; fait la guerre aux mulots, écureuils et autres petits animaux, et échappe à la poursuite des chiens et des chasseurs, en montant à la cime des arbres. La femelle s'empare d'un nid commode et construit avec art, c'est celui de l'écureuil. Elle y met bas deux petits. A la vue de la Marte, les oiseaux s'animent de colère, la suivent de loin, jettent des cris pour s'avertir de fuir ce dangereux ennemi. On fait avec la peau du dos et avec les queues de Marte, de belles fourrures.

LA LOUTRE.

Ce Quadrupède est naturellement bon nageur et habile pêcheur. Il habite le bord des rivières, des lacs, les fentes des rochers, les piles de bois à flotter; les trous pratiqués sous les racines des saules et des peupliers lui servent de retraite. Ses pattes membraneuses et ses larges poumons, lui donnent beaucoup de facilité pour nager et rester sous l'eau. Avide de poisson, fléau des lacs et des étangs, son industrie consiste à agiter l'eau, et à se saisir de tout ce qui se trouve près de lui; à défaut de poisson il se nourrit de plantes aquatiques. On le prend vivant au piége, avec l'appât d'un poisson. On chasse à la Loutre avec les chiens. Ils l'attrappent facilement; mais elle se défend courageusement, et leur brise quelquefois avec les dents les os des jambes, sans lâcher prise, si on ne la tue. Sa peau d'hiver, plus estimée que celle d'été; se vend comme une bonne fourrure.

1. La Marte.　　2. La Loutre.

1. la Civette.   2. la Genette.

LA CIVETTE.

Cet animal, originaire des pays chauds de l'Amérique et de l'Asie, saute avec la légèreté du chat, court comme le chien ; son cri ressemble à celui d'un chien en colère. Il vit de chasse, de pêche, de rapine, saisit les petits animaux par surprise, se nourrit de graines, de fruits à défaut de proie, habite les montagnes arides, les sables brûlans. Ses yeux brillent dans l'obscurité. Il est d'un caractère un peu féroce. On peut cependant l'apprivoiser. La poche ou fente située sous l'anus est commune à l'un et l'autre sexe. C'est dans cette poche que s'amasse le parfum onctueux connu sous le nom de *Civette*. On ignore l'usage dont il est pour ces animaux. Lorsqu'il acquiert trop d'acrimonie par le long séjour, il les incommode. Ces animaux s'en débarrassent par l'action de deux muscles situés au côté de cette poche. Le parfum est assez agréable, même en sortant de ces animaux. Celui du mâle est plus aromatique. Il en vient des Indes, de Guinée. Les nègres sont sujets à falsifier ce dernier avec le storax, le labdanum et autres substances aromatiques. La Civette peut vivre sous un climat tempéré ; on en élève en Hollande pour en recueillir le parfum. Il est d'autant plus abondant et plus exquis, que l'animal est mieux nourri. On l'élève en cage : on le saisit par la queue ; avec une cuillier, on enlève deux ou trois fois par semaine la liqueur odorante. Les confiseurs, les parfumeurs, emploient la Civette dans les aromates qu'ils préparent.

LA GENETTE.

Cet animal est nommé quelquefois *Chat d'Espagne*, de *Constantinople Chat Genette*. Il n'a d'autres caractères du chat, que celui de pouvoir s'apprivoiser, de guetter et de prendre les souris. Du reste, son habitude et ses mœurs, tiennent beaucoup de celles de la fouine. La Genette est une espèce de Civette ; elle a, comme elle, sous la queue, une poche où se filtre un parfum, mais d'une odeur beaucoup plus douce. L'on contrefait la peau de Genette ; en peignant de taches noires les peaux de lapins grises.

LE LION

ET LA LIONNE.

La noblesse, la force, l'agilité, sont les apanages de ce Quadrupède, dont la taille est majestueuse, la démarche grave et fière, la voix effrayante, le mouvement souple. S'il est cruel, c'est par besoin ou par vengeance. La faim, la soif, excitent sa fureur aveugle. Accoutumé à se désaltérer du sang des animaux, il est dangereux d'attirer son ressentiment. Terrible dans sa colère, ses yeux étincellent, la peau de sa face est mobile, sa crinière se hérisse, les coups de sa queue, dont il se bat les flancs, terrasseroient un homme. Mais s'il ne pardonne pas une offense, il est sensible aux bienfaits. L'histoire nous en fournit des exemples frappans. On a vu des lions apprivoisés servir d'attelage aux chars de triomphe. Les Romains en tiraient de la Lybie pour l'usage de leurs spectacles. On a vu des malheureux dévoués à leur voracité, éprouver les effets de leur clémence.

Cet animal habite les climats brûlants de l'Afrique et de l'Asie. La Lionne n'a pas de crinière. Dans le tems des amours, elle a quelquefois à sa suite huit ou dix mâles qui ne cessent de rugir. Leurs soupirs répétés par les échos d'alentour imitent l'éclat de la foudre. Ce n'est qu'après les plus terribles combats que le vainqueur va jouir au loin et paisiblement de sa conquête. La Lionne choisit, pour mettre bas, les lieux les plus solitaires ; le soin de ses petits lui fait oublier le danger.

Le Lion est moins redoutable dans les climats habités de l'Inde et de la Barbarie. Il jette assez souvent sa colère seulement sur le menu bétail. Mais plus courageux dans les déserts de l'Afrique et de l'Asie, il combat seul contre des caravannes entières. C'est à cheval, avec des chiens fort dressés à cette espèce de chasse, qu'on poursuit le Lion. Il est aisé de le tuer du premier coup. On le prend par adresse dans une fosse ; sa peau sert de housse aux chevaux. Les Maures s'en font des manteaux et des lits. C'étoit autrefois la parure des guerriers.

1 . le Lion .   2 . la Lionne .

Huet fils del.

J. B. Huet fec.

1. le Tigre Royal.   2. la Panthère.

LE TIGRE.

Cᴇ Quadrupède redoutable habite les contrées sauvages de l'Asie et de l'Amérique. La force, l'agilité, la légèreté, secondent son naturel féroce et carnassier. Cruel par instinct, méchant par caractère, furieux par habitude, toujours altéré de sang, cet animal destructeur, sans attendre le besoin, met en pièces tous les êtres animés qu'il peut apercevoir. Ses ongles crochus et mobiles, ses dents meurtrières, sont les instrumens de sa tyrannie. Pour jouir en paix de sa conquête, il l'entraîne au fond des bois avec une rapidité singulière. Il n'est permis à aucun être vivant d'exister partout où réside le tigre. A Sumatra, les maisons sont élevées sur des pieux de bambous pour se mettre à l'abri de ses incursions. La femelle n'est pas moins terrible que le mâle, sur-tout lorsqu'on lui enlève ses petits au nombre de quatre ou cinq. Cet animal si redoutable, dont la présence fait trembler tout ce qui respire, l'homme ose l'attaquer. C'est un honneur pour les Rois et les grands Seigneurs Indiens.

LA PANTHERE.

L'ŒIL inquiet et farouche de cet animal annonce la férocité de son caractère. Habitant des climats brûlans de l'Afrique et de l'Asie, les forêts les plus épaisses lui servent de repaire ; il n'en sort que pour roder autour des habitations isolées et sur le bord des fleuves, et dévorer les animaux domestiques qui vont avec sécurité s'y désaltérer. La Panthère est agile, ses mouvemens sont brusques, elle grimpe facilement aux arbres ; les habitans de la Barbarie viennent à bout de dompter la Panthère, de la dresser, et s'en servir au lieu de chien pour aller à la chasse. Les voyageurs, les Nègres et les Indiens mangent volontiers sa chair. Sa belle fourrure est très-estimée.

L'OCELOT.

Cet animal du nouveau monde, orné d'une robe si belle, est d'une nature perfide, féroce. Il grimpe sur les arbres, guette les animaux, fond sur eux : plus altéré de leur sang qu'avide de leur chair, il commet bien des meurtres pour étancher sa soif ardente. Timide, il fuit à l'approche d'un chien. En 1764, on en vit deux à Paris, ils avaient été apportés tout jeunes de la nouvelle Carthagène. Ingrats et cruels, à l'âge de trois mois ils déchirèrent les tettes et succèrent jusqu'à la dernière goutte de sang d'une chienne qui les avait allaités. Les mœurs du mâle sont si brutes et si sauvages, qu'il n'a aucun égard, même pour sa femelle lorsqu'on leur jette à manger. La femelle tremblante n'ose approcher ; elle attend patiemment qu'il ait satisfait son appetit vorace ; heureuse s'il daigne lui laisser quelques morceaux dont il ne se soucie pas.

LE SERVAL.

L'Animal que les Portugais de l'Inde appellent Serval, est sauvage et féroce, il ressemble à la Panthère par les couleurs du poil qui est fauve sur la tête, le dos, les flancs, et blanc sous le ventre, et aussi par les taches qui sont un peu plus petites que celles de la panthère. Ses yeux sont très-brillans, on le voit rarement à terre, il se tient presque toujours sur les arbres, ou il fait son nid et prend les oiseaux, desquels il se nourrit ; il saute aussi légèrement qu'un singe d'un arbre à l'autre et avec tant d'adresse et d'agilité, qu'en un instant il parcourt un grand espace, et qu'il ne fait, pour ainsi dire, que paroître et disparoître. Il est d'un naturel féroce, cependant il fuit à l'aspect de l'homme, à moins qu'on ne l'irrite ; alors il déchire comme la panthère. La captivité, les bons ou mauvais traitemens ne peuvent ni dompter ni adoucir cet animal. Enfermé dans une loge, il étoit toujours sur le point de s'élancer contre ceux qui l'approchaient : on n'a pu le dessiner ni le décrire qu'à travers la grille de sa loge : on le nourrissait de chair comme les panthères et les léopards.

1. l'Ocelot.   2. le Serval.

1 . le Chat Loup Cervier.   2 . le Chat d'Angora.

LE CHAT LOUP CERVIER.

LE CHAT ANGORA.

———

Le Chat naturellement sauvage tel que le *Chat Cervier*, se trouve dans les différentes contrées de l'un et de l'autre Continent. Ses mœurs, adoucies autant par le changement de climat que par le croisement des races et l'éducation, retiennent toujours quelque chose de leur méchanceté primitive. Adroit, souple, curieux de la propreté, méfiant, indocile, volontaire, moins ami de l'homme, que familier par intérêt et par habitude, ingrat, c'est le symbole de l'hypocrisie et de la trahison. Il n'a d'instinct que pour la destruction des rats et des souris, qu'il guette avec beaucoup de patience. Ce petit mérite lui a attiré de la considération ; mais cet instinct s'énerve dans le chat trop bien nourri, et disparoît entièrement dans le chat esclave. Les Chats Angora, originaires de Syrie, ont le poil soyeux, ce sont les plus estimés. Le chat lappe pour boire ; dans sa jeunesse, il divertit par ses gentillesses, ses griffes rentrent dans ses pattes, il s'en sert pour grimper : c'est aussi l'instrument de sa colère et plus souvent de sa perfidie. Ses yeux ne peuvent supporter la grande lumière. Le poil du chat est électrique dans les ténèbres ; on voit luire son dos lorsqu'on le frotte à contre poil, sur-tout dans le temps de la gelée. Les Egyptiens respectaient le chat comme un Dieu, l'embaumaient et lui rendaient tous les honneurs de l'apothéose. La fourrure du chat est la seule dépouille utile que l'on en retire. On a vu des personnes pousser la folie jusqu'à faire graver et poser des épitaphes sur la tombe de leurs chats.

LE CHIEN MARRON.

LE GRAND CHIEN DE RUSSIE.

Le Chien est le plus intelligent de tous les quadrupèdes et le plus ami de l'homme. Indépendamment de la beauté de sa forme, de sa vivacité, de sa force, de sa docilité et de sa légèreté; il est doué de toutes sortes de qualités aimables qui ne peuvent guères manquer de lui concilier notre affection. Habitué depuis long-temps à l'état de domesticité et à vivre avec nous, à peine conserve-t-il un trait de son état sauvage; et il semble n'avoir d'autre ambition que celle de plaire et de se rendre utile. Non seulement il est envers son maître, d'une fidélité, d'un attachement sans exemple dans aucun animal, mais encore il est constamment l'ami de son ami, entrant dans toutes ses prédilections, comme dans toutes ses animosités. Il est sa compagnie dans ses momens de loisir, le défenseur de sa propriété, un fidèle serviteur qui lui reste invariablement attaché dans sa bonne comme dans sa mauvaise fortune. On ne voit plus aujourd'hui de chiens sauvages, mais en Amérique il y en a beaucoup qui, introduits par des Européens, le sont redevenus. Ils se réunissent en troupes pour attaquer leur proie; ils ont tous les oreilles droites.

Le chien se nourrit souvent de chair infecte. Lorsqu'il est privé d'eau ou de nourriture, il engendre une maladie particulière nommée la *rage*, qu'il communique aux autres animaux; ses principaux symptômes sont l'horreur de l'eau, et une fureur aveugle et irrésistible. Cet animal ne sue point, mais sa salive en devient d'autant plus abondante, lorsqu'il a chaud. La force de son odorat est inconcevable.

LA

1. le Chien Marron.   2. le Grand Chien de Russie.

Huet, fils del.

J. B. Huet, sc.

1. le Levrier.   2. le Chien Courant.

LE LÉVRIER,

LE CHIEN COURANT.

CE Chien a la taille svelte et élégaute. Il est d'une légèreté inconcevable. Cette espèce de chien tire son nom de l'usage où l'on est de s'en servir particulièrement à la chasse du lièvre. On en distingue plusieurs espèces. Ceux du Nord, qu'on appelle *lévriers d'attache*, sont si forts et si hardis, qu'ils courent le sanglier, le bufle, et les animaux les plus sauvages. Ceux d'Espagne et de Portugal, se nomment *charnaigre*. Ils sont d'une extrême vivacité, ne vont qu'en bondissant après le gibier, l'investissent se jettent dessus et le rapportent. Les Anglais en ont une petite espèce, qui coure après les lapins et les prennent, pour peu qu'ils soient éloignés de leur terrier. Les beaux lévriers de plaine viennent de la Champagne et de la Picardie, ce sont les plus agiles pour courir le lièvre sur les côteaux et les montagnes.

Le Chien courant est aussi extrêmement utile à la chasse du lapin; moins svelte que le lévrier et la levrette, il n'est pas moins bon coureur, il est très-attaché à son maître, et on le souffre avec plaisir dans le logis.

La chienne met bas au bout de deux mois, cinq ou six petits, qu'elle allaite et lèche autant par caresse que par propreté. Sa tendresse pour ses petits éclate lorsqu'on les lui enlève. Elle les suit d'un air inquiet, les réclame avec instance et menace. Si on les met à terre, elle les porte avec sa gueule l'un après l'autre dans sa cabane.

Après avoir vécu près de quinze ans, ce chien subit, comme tous les êtres créés, la loi de la nature. Les Mahométans ont des hôpitaux pour les chiens infirmes. Les pensions qui leur sont léguées par le testateur, leur assure une douce retraite, juste récompense de leurs services.

D

LE BASSET.

MONSIEUR de Buffon dit que le Chien courant, le braque, le basset, le barbet, et même l'épagneul, peuvent être regardés comme ne faisant tous qu'un même chien ; leur forme et leur instinct sont à peu près les mêmes, et ils ne diffèrent entre eux que par la hauteur des jambes, et par l'ampleur des oreilles qui, dans tous sont longues, molles et pendantes. Ces chiens sont naturels à notre climat, et je ne crois pas qu'on doive en séparer le braque, qu'on appelle chien de Bengale..... L'Angleterre, la France, l'Allemagne, etc. paraissent avoir produit le chien courant, le braque et le basset. Les chiens dégénèrent dès qu'ils sont portés dans des climats plus chauds, comme en Turquie, en Perse ; mais les épagneuls et les barbets sont originaires d'Espagne et de Barbarie, où la température du climat fait que le poil de tous les animaux est plus long, plus soyeux et plus fin que dans tous les autres pays.

L'on voit deux espèces de basset, le basset à jambes droites, et le basset à jambes torses. Ces chiens peuvent aisément entrer dans les taillis et débusquent le gibier qui s'y croit en sûreté.

L'EPAGNEUL.

L'EPAGNEUL d'une taille élégante est en possession de plaire aux dames ; son poil long et soyeux par leurs sons, conserve un brillant et un lustre magnifique. Généralement, c'est un petit animal charmant qui n'est guère supportable lorsque, par ses aboiemens prolongés, il empêche d'aborder et d'entendre sa chère maîtresse, dont il devient alors le défenseur fort incommode. Mais bientôt appaisé, il jouit sur ses genoux des caresses et des éloges qui sont dûs à la gentillesse de sa personne et à la beauté de son vêtement.

1 . le Chien Basset.   2 . le Chien Epagneul.

Huet fils del.   J.B. Huet Sc

1. le Loup.   2. le Renard.

Huet fils del

J. B. Huet Sc

LE LOUP.

Le Loup pourrait être appelé un grand chien à queue et oreilles droites. C'est un des animaux sauvages dont le caractère soit le mieux connu. Le Loup est deux ou trois ans à croître, vit quinze ou vingt ans. Il est commun dans l'un et l'autre continent. Le *Loup garou*, c'est-à-dire, dont il faut se garer, est le plus dangereux. Le Loup *mâtin*, ne vit que de charognes; le Loup *lévrier* est le plus léger à la course. En général, cet animal est d'un appétit vorace, avide sur-tout de chair humaine, robuste mais poltron. Les yeux perçans, l'odorat exquis, l'oreille fine, industrieux par besoin, ennemi de toute société, cependant facile à apprivoiser dans sa grande jeunesse. Il ne quitte les bois que lorsqu'il est pressé par la faim. Infatigable, il marche, court, rode des jours entiers et des nuits, dort peu et légèrement. Forcé par la faim et la soif, il ne connoît plus aucuns dangers, parcourt les campagnes, rode autour des bergeries, gratte le terrain, se fait un passage aux portes, met tout à mort avant de choisir et d'emporter sa proie; après cette expédition meurtrière, il enlève un mouton dans sa gueule à l'aide des muscles vigoureux de son cou et de sa mâchoire, et court dans la forêt voisine pour le manger à son aise. Devenu plus furieux par ses excès, il se jette sur les hommes. En France, les loups nous viennent de la forêt des Ardenues et de la forêt Noire. On leur fait continuellement la chasse.

LE RENARD.

Cet animal sent mauvais; rusé par instinct, industrieux par besoin; ennemi de l'esclavage, au point que s'il se trouve pris dans un piége, il se coupe la patte avec ses dents pour se sauver. C'est l'ennemi le plus redoutable des basses-cours. Tantôt plus friand et plus hardi, il ose attaquer des ruches d'abeilles. On a vu quelquefois deux Renards chasser d'intelligence le lièvre et le lapin. L'un poursuit le gibier en jappant comme un basset, l'autre attend la bête au passage, la surprend, et le butin devient commun entre les deux chasseurs. Muet l'été, il glapit et donne de la voix l'hiver. a femelle, au mois de mars ou avril, met bas quatre ou cinq petits. Rien n'est plus amusant que la chasse du Renard.

L'HYÈNE.

Les Hyènes n'ont que quatre doigts à tous les pieds, elles sont haut montées ; et ont les poils du dos plus longs et relevés en espèce de crinière. L'hyène habite les pays chauds de l'Afrique et de l'Asie, se retire dans les fentes des rochers, des cavernes et des souterrains qu'elle se creuse. Ce quadrupède n'a point, comme on l'a dit, les deux sexes, la fente qu'il a sous la queue n'est pas profonde. L'on a donné beaucoup de merveilleux à l'histoire de cet animal ; on a supposé qu'il se laissait prendre au son des instrumens. Les naturalistes, plus amis de la vérité que du merveilleux, nous apprennent que l'Hyène est d'un naturel féroce et carnassier, qu'on ne l'apprivoise jamais. Son cri imite le mugissement du veau. Ses yeux brillans dans l'obscurité, voient mieux la nuit que le jour. Courageuse, l'Hyène se défend contre le lion, attaque la panthère, terrasse l'ours, se jette sur l'homme, suit de près les troupeaux, rompt souvent la nuit les clotures des bergeries et les portes des étables pour dévorer les bestiaux. A défaut de proie, elle déterre avec les ongles les cadavres dont elle fait sa nourriture. L'hyène, qui fit tant de ravages dans le Gévaudan, en 1734, 1735 et 1736, n'est peut-être qu'une espèce de loup cervier.

L'HYÈNE MOUCHETÉE.

C'est en Afrique que l'on trouve l'Hyène mouchetée ou tachetée de noirâtre sur un brun roussâtre.

M. Bruce, à son retour d'Abyssinie, rencontra des hyènes en quantité. Lorsqu'elles étaient acharnées à dévorer leur proie, à peine fuyaient-elles lors même que beaucoup d'entre elles tombaient sous le plomb meurtrier. Leurs crinières se hérissaient, et il fallait une seconde décharge pour obliger celles qui n'étaient point blessées à prendre la fuite. Ayant perdu deux compagnons de voyage morts de soif, bien qu'ils les eussent ensevelis sous le sable, les hyènes ne quittèrent point les environs, et les déterrèrent probablement aussitôt le départ de la caravanne, et les dévorèrent.

1 . l'Hyène .   2 . l'Hyène tachetée .

1. la Sarigue.   2. le Kanguroo.

Huet file del.   J. B. Huet fe.

D. PÉDIMANES.

Pouce séparé aux pieds de derrière seulement.

___

LA SARIGUE.

Les Didelphes, ce nom qui signifie *double matrice*, vient de la propriété extraordinaire qu'ont ces animaux de mettre leurs petits au jour long-temps avant qu'ils puissent faire usage de leurs membres, et même avant qu'on distingue aucune de leurs parties. Dans cet état, ils s'attachent aux mamelles de leurs mères, et y restent immobiles jusqu'à ce qu'ils aient pris un accroissement pareil à celui que les autres animaux prennent dans la matrice. Plusieurs espèces ont même sous le ventre une poche dans laquelle leurs petits sont renfermés pendant le temps qu'ils sont ainsi fixés aux mamelles, et où ils se réfugient même lorsqu'ils s'en sont détachés, lorsqu'il survient quelque apparence de danger. La Sarigue est de cette espèce. Les didelphes qui n'ont pas cette poche, reçoivent leurs petits sur le dos, où ils les tiennent fermes, en entortillant leurs queues autour de la leur. Car ces animaux ont presque tous la queue en grande partie écailleuse et prenante, comme celle des sapajous, et s'en servent, ainsi que de leurs pieds de derrière pour grimper aux arbres et s'y suspendre.

Les Sarigues habitent exclusivement en Amérique ; ces animaux sont carnassiers et répandent une odeur fétide.

LE KANGUROO.

Le Kanguroo n'a presque de commun avec les didelphes, que la poche dans laquelle ils enferment leurs petits. Ce sont des animaux des parties les plus orientales de notre continent, dont les pieds de derrière sont cinq ou six fois plus longs et plus forts que ceux de devant, en sorte qu'ils marchent par bonds et par sauts. Leur queue est velue, longue, très-grosse et non-prenante, ils s'appuyent dessus comme sur un troisième pied ; ils vivent d'herbes.

F. IV. LES RONGEURS.

Défaut de canines seulement.

LE PORC-EPIC.

Le Porc-Epic ne ressemble au cochon que par la grognement. Il ne faut pas ajouter foi à ce que disen tquelques voyageurs, que cet animal a la faculté de lancer ses piquans. L'erreur parait fondée sur ce que l'animal lorsqu'il est irrité ou seulement agité, redresse ses piquans, les remue ; et que comme il y a de ses piquans qui ne tiennent à la peau que par une espèce de filet ou de pédicule délié, ils tombent aisément. Le Porc-épic, quoiqu'originaire des climats les plus chauds de l'Afrique et des Indes, peut vivre et se multiplier dans des pays moins chauds, tels que la Perse, l'Espagne et l'Italie. Dans l'état de domesticité, le Porc-épic n'est ni féroce ni sauvage. Quand il peut entrer dans un jardin, il y fait un grand dégat. Sa chair, quoiqu'un peu fade, n'est pas mauvaise à manger. Ses piquans sont de vrais tuyaux de plumes, auxquels il ne manque que les barbes ; ils sonnent les uns contre les autres lorsqu'il marche.

LE LIÈVRE.

Ce petit animal, dont la race est répandue avec tant de profusion sur la surface de la terre, parait être destiné autant aux plaisirs de l'homme qu'à ses besoins. Le lièvre a peu d'industrie. Naturellement paresseux, l'agitation de l'air, le bruit d'une feuille, en voilà assez pour le mettre en allarmes. Encore s'il avait l'instinct de se faire un terrier ; mais se croyant caché dans un sillon, il ne doit souvent son salut qu'à son caractère inquiet et défiant, à la finesse de l'organe de l'ouïe, et à la rapidité de sa course. Ses yeux semblent ne voir que de côté, sa voix est faible. La nuit est pour ces animaux le temps des promenades, des festins, des amours et des danses. C'est un plaisir de les voir sauter, gambader au clair de la lune. Ils vivent de grains et de plantes aromatiques.

Pl. 24.

1. le Porc-épic.   2. le Lièvre.

Huet fils del.

J. B. Huet sc.

1. le Cochon d'inde .   2. le Castor .

LE COCHON D'INDE.

CE petit animal est originaire des pays chauds, et peut vivre par-tout où on le met à l'abri des injures de l'air. Il est fort gai, il ne fait que jouer, se divertir, manger, dormir; se nourrit d'herbes, de fruits, ne boit jamais; urine à tout moment, s'assied sur le derrière comme les lapins. Un petit cri est chez lui le signe de la douleur; un petit gazouillement, celui du plaisir; point susceptible d'affection. Cependant doux, il s'apprivoise aisément, attrape les souris. L'amour est la seule passion de ces animaux, ils se battent cruellement pour jouir d'une femelle. Leur fécondité est prodigieuse. Tous les deux mois elle produit sept à huit petits. Ils courent aussitôt; rien n'est joli comme de voir ces petits nouveaux nés couverts d'un joli poil, suivre leur mère dans tous ses mouvemens.

LE CASTOR.

LE Castor est un animal amphibie, doux, paisible, mais jaloux de sa liberté. Industrieux dans l'indépendance, triste et abruti dans la servitude. Il fuit le voisinage des lieux habités et vit en société avec ses semblables. Lorsqu'une petite bourgade commence à s'établir, c'est toujours sur le bord d'une rivière; l'endroit le moins profond est celui qu'elle choisit pour construire sa maison. Obligés par instinct, de vivre dans l'air et dans l'eau, ces animaux forment une digue par le moyen d'un arbre qu'ils font tomber en travers de la rivière; ils y joignent des branches en contre bas, et ils remplissent les intervalles avec de la terre glaise. La queue du Castor devient sa truelle, et ses dents sa scie. Cet ouvrage extraordinaire achevé, les Castors se réunissent par petites troupes, qui construisent ensuite leurs habitations particulières. Toutes ont une forme ovale ou ronde, on y voit deux ouvertures; l'une, est une fenêtre qui donne sur l'eau, c'est de là qu'ils prennent leurs bains en se plongeant jusqu'à la moitié du corps; l'autre, les conduit à terre pour aller chercher la provision. C'est pendant l'hiver qu'on les attaque, parce qu'alors leur fourrure est parfaitement bonne.

L'ECUREUIL.

Ce petit animal, vif, léger, propre, industrieux, prévoyant, a les mœurs douces, innocentes, se nourrit de graines, de fruits, boit la rosée, fréquente les arbres, saute de branches en branches, ne descend à terre que lorsque la tempête agite la cîme et les branches, redoute l'ardeur du soleil, s'assied sur le derrière, porte à la bouche sa nourriture avec ses pieds de devant, s'en sert comme de mains. Sa queue large et touffue étendue au-dessus de sa tête, lui sert de parasol. Sa voix est aigüe. L'expression de sa colère est un petit grognement. Les belles nuits d'été sont les momens de leurs plaisirs. Quel art dans la construction de leurs nids! De petites buchettes entremêlées de mousses, placées sur l'enfourchure d'une branche, sont la base de ces petits logemens. On presse, on foule la mousse, on lui donne la forme, la grandeur nécessaires; on ne ménage en haut qu'une ouverture étroite; au-dessus de cette ouverture, un petit dôme forme un toit qui rend le nid impénétrable à la pluie. La femelle met bas au mois de mai trois ou quatre petits. La peau des Écureuils forment une excellente fourrure; on fait avec les poils de la queue, de beaux pinceaux. Leur chair est assez délicate.

L'AYE-AYE.

Aye-Aye est une exclamation des habitans de Madagascar, que M. Sounerat a cru devoir appliquer à cet animal qui se trouve dans la partie ouest de cette île. Ses oreilles larges, plates, ressemblent à celles de la chauve-souris, quoique la queue paraisse toute noire, cependant leurs poils à leur base sont blancs jusqu'à la moitié. Son caractère principal est le doigt du milieu de ses pieds de devant, les deux dernières articulations sont très-longues, grêles, dénuées de poils; il s'en sert pour tirer les vers des trous d'arbres, et pour les pousser dans son gosier; il semble aussi lui être utile pour s'accrocher aux branches. Il est très-paresseux et par conséquent très-doux. Celui dont M. Sounerat parle, restait toujours couché. Il a vécu près de deux mois; n'ayant pour toute nourriture que du riz cuit; il se servait pour le manger de ses deux doigts, comme les Chinois de baguettes.

LA

Huet fils del.

1. la Marmotte.   2. le Rat.

Huet fils del.   J. B. Huet, sc.

LA MARMOTTE.

LA Marmotte est à-peu-près de la taille du lièvre, auquel elle ressemble par la forme de la tête, mais elle a les oreilles beaucoup plus courtes, et la queue plus touffue; son corps est couvert d'un poil, et par-dessous ce poil, est une fourrure fine et courte de différentes couleurs, communé- ment d'un cendré jaunâtre. Il y a des Marmottes dans les Alpes. On en trouve aussi en Pologne, dans une partie de la Tartarie, et avec quelques différences en Afrique et en Amérique. La Marmotte prise jeune s'appri- voise aisément. On lui apprend à danser, à obéir à la voix de son maître; et à faire différens tours pour le divertir. La Marmotte est généralement un animal très-innocent. Les Marmottes mangent de la viande, du pain, des fruits, des végétaux; mais quand on les irrite, elles jettent des cris perçans. L'été elles portent une odeur désagréable. Dès que le froid se fait sentir, elles préparent leur logement pour l'hiver qu'elles passent dans un état d'engourdissement, et qui ne finit qu'au retour du printems.

LE RAT.

LE Rat est de tous les petits quadrupèdes un des plus malfaisans; et l'homme, avec tout son art, ne saurait venir à bout d'en extirper la race. Ce n'est pas seulement notre nourriture, notre boisson, nos habits qui sont la proie de cet animal; il fait encore de terribles dégats parmi les jeunes volailles, les lapins et le gibier. Il percera le bois le plus dur, le mastic le mieux cimenté. Le chat, la belette et le chien ont beau se liguer, pour ainsi dire, avec l'homme, afin d'en diminuer le nombre, il trouve souvent moyen d'éluder leurs efforts. Non-seulement il mord bien serré, mais sa morsure est dangereuse; et son intrépidité jointe à sa mine dégoutante, le rendent non-seulement un objet d'aversion, mais mieux de terreur pour bien des personnes. Les visites de l'innocente souris, quoiqu'on ne les demande pas, sont plutôt faites pour plaire que pour alarmer; mais il est peu de personnes qui n'éprouvent une sorte d'antipathie pour le rat, et même qui ne le fuient comme on ferait un serpent.

E

LA GERBOISE.

Les Gerboises ont les mêmes dents que les rats ; mais leurs pommettes très-saillantes leur donnent une forme de tête singulièrement large, et applatie en devant. Leurs pieds sont aussi disproportionnés que ceux des Kanguroos, c'est-à-dire, que ceux de derrière sont quatre ou cinq fois plus longs, d'où vient que les anciens les appelaient rats à deux pieds. Leur queue est longue et touffue ; elles habitent dans des lieux chauds et secs, et dorment pendant l'hiver dans des terriers qui ont deux ouvertures opposées.

F. V. LES ÉDENTÉS.
Défaut d'incisives et de canines.

LE FOURMILLIER.

Les Fourmilliers ne se trouvent qu'en Amérique. On en connaît trois espèces. La nature n'a mis de différence entre les espèces, que dans les proportions extérieures : du reste, même caractère, mêmes habitudes, mêmes inclinations. Une démarche lente et embarrassée, un naturel flexible et qui s'apprivoise aisément, la vie dure, une odeur forte de fourmi. Le fourmilier supporte long-temps la faim et la fatigue, dort le jour, marche la nuit ; hors d'état de mordre, il se défend avec ses griffes ; s'il boit, il sort de l'eau par ses narines ; si on le touche avec un bâton, il s'accroupit comme un ours. Il insinue sa langue dans des trous d'arbres, et fait sa proie des insectes qu'il y trouve. Les fourmis sont pour lui le mets le plus friand et sa nourriture ordinaire. Tantôt en furieux, il détruit avec ses ongles de devant, il jette l'alarme dans la petite république, fait main basse sur les habitans qu'il peut saisir ; les autres encore tout effrayées de l'écroulement, ont à peine la force de se dérober à leur ennemi ; tantôt en chasseur habile, il se met à l'affut aux environs des fourmillières ; le museau couché sur le bord du sentier le plus battu par les fourmis, fait une barrière avec sa langue ; les fourmis s'y attachent, il retire sa langue et les engloutit sans qu'il en échappe une seule.

1. la Gerboise.   2. le Fourmilier.

1. le Tatou. 2. le Paresseux.

Huet, fils del.   J.B. Huet, fe.

LE TATOU.

Le tet osseux de ces animaux est d'une structure admirable ; chaque bande frise et donne à l'animal la facilité de se mettre en boule, lorsqu'il est poursuivi. Les Tatous ne se nourrissent que des végétaux, ne font de mal à personne ; se creusent de petits terriers d'où ils ne sortent que la nuit. Ils multiplient beaucoup, Comme les Tatous sont un très-bon manger, on leur fait la chasse. Lorsqu'il se sent poursuivi, il tâche de s'enfouir sous la terre. Il se laisse plutôt arracher la queue que de sortir de ce trou ; on le chatouille alors ensuite le ventre avec un bâton, alors il se contracte et on le retire aisément. S'il rencontre un précipice, c'est son salut. Il se met en boule, roule de rochers en rochers, et se développe sans se ressentir de sa chute. Il n'est force humaine qui puisse développer un Tatou, lorsqu'il est roulé. Mis auprès du feu, la chaleur s'insinue, il s'épanouit et sort de son état de contraction.

F. VI. LES TARDIGRADES.

Défaut d'incisives seulement.

LE PARESSEUX.

C'est le plus triste et le plus imparfait des quadrupèdes ; on distingue le grand et le petit. Il se trouve dans l'île de Ceylan et dans les déserts brûlans de l'Amérique. Il est toujours souffrant ; son cri est larmoyant et plaintif, son corps est mal placé sur des jambes encore plus mal tournées. Difficulté de marcher, plus encore de fuir. Sans armes, sans défenses, sans dents incisives pour brouter l'herbe, tel est l'état de cet être négligé de la nature. Il lui faut un jour pour faire cinquante pas. S'il quitte le lieu de sa naissance c'est pour se traîner vers l'arbre voisin, c'est là qu'il trouve asyle contre ses ennemis, et une provision abondante de nourriture dans les feuilles et les fruits qu'il peut atteindre. Ces animaux ruminent comme les bœufs ; ne boivent point ; ils ont la vie dure. Leur stupide indolence va jusqu'à l'insensibilité ; ils reçoivent des coups sans s'émouvoir.

ORDRE II.

A SABOTS.

F. VII. PACHYDERMES,

Plusieurs sabots.

L'ÉLÉPHANT.

L'ÉLÉPHANT habite les climats chauds de l'Afrique et de l'Asie, sous les dehors les moins avantageux ; il possède les plus étonnantes qualités ; il a l'intelligence du castor, l'adresse du singe, le sentiment du chien. A ce mérite se réunissent des avantages particuliers ; la force et la grandeur. Ses yeux, quoique petits, sont spirituels. « Il les tourne lentement et avec dou-
» ceur vers son maître. Il a pour lui le regard de l'amitié, celui de l'atten-
» tion lorsqu'il parle, le coup-d'œil de l'intelligence lorsqu'il l'écoute ; il joint
» au courage la prudence ; il se souvient des bienfaits et des injures. Redou-
» table par sa force, il ne fait pas la guerre aux autres animaux ; il ne se
« nourrit que de végétaux ».

Chez les Indiens, la chasse en est des plus magnifique. Un roi qui part pour cette chasse, semble partir pour une expédition militaire. On fait une vaste enceinte avec des pieux ; on y met des femelles privées, leurs cris amoureux attirent les Eléphans sauvages. Les chasseurs jettent dans l'arène des cordes à nœuds coulans ; et à l'instant où l'Eléphant sauvage y met le pied, le chasseur retire la corde, l'animal devient furieux, on l'attache entre deux éléphans privés. Au bout de quelques jours il devient doux.

L'Eléphant blanc, qui n'est qu'une variété, est presque adoré chez les orientaux.

LE SANGLIER.

LE Sanglier, que l'on peut regarder comme la souche de nos cochons domestiques, n'est point du tout cet animal mal propre que nous avons sous les yeux ; il est beaucoup plus petit que lui, mais aussi il est plus fort et plus intrépide. Il se défend des hommes et des chiens. Ses défenses sont très-formidables. Il est sauvage et féroce dans toutes ses habitudes : il se trouve dans presque tous les pays du monde.

Huet, fils del.   1. l'Eléphant.   2. le Sanglier.   J.B. Huet, sc.

1. l'Hippopotame.   2. le Rhinoceros.

Huet fils del.   J. B. Huet, sc.

L'HIPPOPOTAME.

Cᴇᴛ animal amphibie est fort commun dans les grandes rivières d'Afrique ;
tantôt il habite le fond des eaux , nage habilement et se nourrit de poissons ;
tantôt il sort de l'eau , vient paître l'herbe des campagnes et mange les légumes
que les nègres cultivent. Sa course n'est pas agile. Il préfère l'eau douce à
celle de la mer. La femelle fait ses petits à terre, les y élève , et leur apprend
à se lancer à l'eau au moindre bruit. L'Hippopotame vient dormir dans les
roseaux ; le moindre bruit l'éveille. Son cri est un hennissement ; son regard
est perçant et terrible. Les nègres lui font la chasse lorsqu'il est à terre , après
lui avoir fermé le chemin qui conduit aux rivières. Leurs flèches ne mordent pas sur la peau de son dos , de ses cuisses et de sa croupe, mais sous
le ventre. Les Européens qui vont à cette chasse , tâchent de lui casser les
jambes. S'il est blessé dans l'eau, plus agile et plus vigoureux, il s'élance en
furieux sur le bâtiment où il voit ses ennemis , fait virer les chaloupes les
plus fortes d'un coup de pied , et se défend jusqu'à extinction de chaleur
naturelle. Cet animal est sanguin ; on assure qu'il se frotte contre un rocher
tranchant, qu'il s'agite pour faire sortir le sang avec plus d'abondance , et
qu'ensuite il se couche sur la vase pour laisser fermer la plaie.

LE RHINOCÉROS.

Aᴘʀès l'éléphant , c'est le plus puissant des quadrupède , et celui qui a le
plus de corpulence , si l'on n'y excepte l'hippopotame. Cependant, excepté
la force , la nature ne l'a doué d'aucunes qualités qui le mettent au-dessus de
la classe ordinaire des quadrupèdes. Sa principale ressource consiste dans sa
lèvre mobile et dans l'arme offensive qu'il porte sur le nez. Son corps est
couvert d'une peau tellement impénétrable, que ni les griffes des animaux
les plus féroces , ni le fer , ni le feu du chasseur ne peuvent l'entamer. Le
Rhinocéros, sans être ni féroce , ni carnassier , est absolument intraitable ,
sans intelligence, sans sentiment et sans docilité. On en trouve en Asie et
en Afrique. La femelle ne fait qu'un petit d'une portée. Cet animal n'est bon
à rien : il est plus solitaire que sauvage.

F. VIII. LES RUMINANS.

DEUX SABOTS.

LE CHAMEAU MALE ET FEMELLE.

LE DROMADAIRE MALE ET FEMELLE.

Ces animaux ne sont qu'une variété de la même espèce, et multiplient très-bien ensemble. On a vu à Paris, en 1752, un chameau mâle et un dromadaire femelle, entre lesquels régnait la passion la plus tendre. Ce n'était qu'affection, caresse. L'absence était pour eux un tourment cruel. On vit naître de leurs amours un petit chameau. Ce phénomène est d'autant plus curieux, que les animaux naturels des pays chauds, transportés dans des climats froids et tempérés, perdent la faculté d'engendrer. Les singes perroquets et autres animaux en donnent des preuves. Le *Chameau* se reconnaît à ses deux bosses sur le dos. Le *Dromadaire* n'en a qu'une. Le naturel de ces animaux est le même ; ils sont doux, courageux. La gaîté leur fait supporter les plus rudes fatigues. Dans les caravanes, au milieu des sables, il ne faut que chanter et siffler pour les encourager. Les traitemens durs les rebutent ; ils ont de la mémoire. Dans le tems du rut, où leur naturel devient un peu plus féroce, ils se vengent ; saisissent leurs conducteurs avec les dents, les jettent contre terre et les tuent. Ceux qui n'ont pas été châtrés se portent plutôt à cet excès de fureur que les autres. Les femelles donnent un lait très-salutaire ; on attribue à l'usage de ce lait l'exemption de plusieurs maladies de la peau, communes chez les Arabes, telles que la lèpre, les dartres et la galle. Leur chair est aussi très-bonne.

Chameaux.

Dromadaires

Huet, fils del.

J.B. Huet, sc.

LE CHAMEAU MALE ET FEMELLE.

LE DROMADAIRE MALE ET FEMELLE.

Ces quadrupèdes varient pour la grandeur, pour la force, suivant le climat sous lequel ils sont nés ; les uns sont grands, forts, portent des poids si considérables, qu'on les a nommés *navires de terre*. C'est dans des paniers suspendus à leurs bosses que l'on s'assied. Les autres plus maigres, moins grands, sont d'excellens coureurs. Ils font jusqu'à vingt-cinq et trente lieues par jour. Une heure de repos, une pelote de pâte leur suffit chaque jour. Ils sont singulièrement appropriés au climat aride et brûlant sous lequel ils vivent. Ils peuvent rester neuf ou dix jours sans boire, même en supportant les plus grandes fatigues. Cette propriété dépend de ce qu'outre les quatre estomacs qui leur sont communs avec les animaux ruminans, ils ont une cinquième poche qui leur sert de réservoir, pour l'eau qu'ils boivent en grande quantité, lorsqu'ils ont soif ou qu'ils veulent broyer leurs alimens, ils font revenir dans leur bouche, une certaine quantité d'eau. Ces animaux sont si grands, qu'on ne pourrait pas les charger aisément. On les dresse à s'accroupir ; lorsque le chameau se sent chargé au-delà de ses forces, il se rebute, cherche à se relever, donne des coups de tête ; si on le surcharge malgré lui, il jette des cris lamentables, propres à attendrir un maître injuste. La passion de l'amour produit en lui un effet singulier. Vers la mi-janvier, dans le temps du rut, qui dure deux ou trois mois, il bâille fréquemment, écume continuellement. Le toupet de sa tête est toujours mouillé de sueur. Il mugit comme le taureau ; on voit sortir de sa bouche deux grosses vessies rouges. Il perd l'appétit, maigrit ; ses bosses deviennent chancelantes ; son poil tombe, on le ramasse avec grand soin, l'on en fait des étoffes ; il entre dans la fabrique des chapeaux de Caudebec. Le temps du rut passé, l'animal reprend ses forces et son embonpoint. Son poil renaît, l'appétit lui revient, il mange alors jusqu'à trente livres de foin par jour. La durée de sa vie est à-peu-près de cinquante ans.

LE LAMA MALE,

LE LAMA FEMELLE.

On a donné, dans le nouveau monde, le nom de chameau au Lama; il ne se trouve que dans les montagnes qui s'étendent depuis la nouvelle Espagne jusqu'au détroit de Magellan. Il paraît que le Pérou est le pays où il réussit le mieux, et où l'on fait le plus d'usage de ses services. C'est la seule bête de charge originaire du pays, que l'Amérique ait produite; mais il n'approche pas du chameau pour la force, la vitesse et la grandeur. Cependant lorsqu'il est apprivoisé, (car il y en a quantité de sauvages), il rend de très-grands services, et ses services le font singulièrement appré-cier, tant par les anciens naturels du pays, que par les Espagnols intrus, pour lesquels il est, dans bien des cas, une grande source de richesses. Dans le fait, s'ils n'avaient des Lamas, il leur serait impossible de transporter leurs marchandises et leur or d'un lieu à un autre. Il grimpe sur les rochers les plus escarpés, descend les plus affreux précipices avec une charge d'environ cent livres pesant, et dans les endroits où son conducteur à peine à passer lui-même.

Le Lama a environ trois pieds de hauteur, il a le cou long, la tête petite, et il est de couleur blanche, noire et brune. La portée de la femelle n'est que d'un petit; et il paraît que l'animal ne vit que douze ans.

On comprend encore dans les Lamas la vigogne; sa laine très-fine, de couleur rouge, la fait rechercher dans les chasses, et même élever dans les champs; mais elle ne sert pas de bête de somme comme le Lama.

Huet fils del.   1. Lama mâle.   2. Lama femelle.   J.B. Huet, sc.

la Giraffe.

Huet fils del.

J.B. Huet sc.

LA GIRAFFE.

La Giraffe est un des plus grands animaux, mais l'espèce en est peu nombreuse, et a toujours été confinée dans les déserts de l'Ethiopie et de quelques
autres provinces de l'Afrique méridionale et des Indes. Les voyageurs convien-
nent tous qu'elle peut atteindre avec sa tête à seize ou dix-sept pieds de hauteur,
étant, dans sa situation naturelle, posée sur ses quatre pieds. Ses jambes du devant sont une fois plus hautes que celles du derrière, en sorte que, lorsqu'elle
est assise sur sa croupe, il semble qu'elle soit entièrement debout. Cette dispro-
portion l'empêche de courir vîte. Son naturel est doux, et toutes ses habitudes
physiques la rapprochent du chameau. L'on peut croire qu'il est possible d'apprivoiser ces animaux. Ils se nourrissent des feuilles et des fruits des arbres,
que, par la conformation de leur corps et la longueur de leur cou, ils saisissent
avec plus de facilité, que l'herbe qui est sous leurs pieds, et à laquelle ils ne peuvent atteindre qu'en pliant les genoux. Le pas de la Giraffe est un amble; elle
porte ensemble le pied de derrière et celui de devant du même côté; et dans sa
démarche, le corps paraît toujours se balancer. Leur chair, surtout celle des
jeunes, est assez bonne à manger; et leurs os sont remplis d'une moëlle que les
Hottentots trouvent exquise : aussi vont-ils souvent à la chasse des Giraffes,
qu'ils tuent avec leurs flèches empoisonnées. Le cuir de ces animaux est épais
d'un demi-pouce. Les Africains en font des vases où ils conservent l'eau.

Les Giraffes habitent uniquement dans les plaines; elles vont en petites troupes
de cinq ou six, et quelquefois de dix ou douze; quand elles se reposent, elles se
couchent sur le ventre, ce qui leur donne des callosités au bas de la poitrine et
aux jointures des jambes.

Chez les anciens, Aristote ne fait aucune mention de cet animal; mais Pline
en parle. Oppien le décrit d'une manière qui n'est point équivoque. Héliodore
et Strabon en donnent aussi une idée assez juste. Le premier des modernes qui
en ait fait une bonne description, est Belon, qui en vit une au château du Caire.

F

LE CHEVROTIN.

ON donne le nom de Chevrotins à de petits animaux des pays les plus chauds de l'Afrique et de l'Asie, que les voyageurs ont presque tous indiqués par la dénomination de *petit Cerf* ou *Biche petite :* en effet, les Chevrotins ressemblent en petit au cerf, par la figure du museau, par la légèreté du corps, la courte queue et la forme des jambes; mais ils en diffèrent prodigieusement par la taille, les plus grands Chevrotins n'étant tout au plus que de la grandeur du lièvre, d'ailleurs ils n'ont point de bois sur la tête. Ces animaux sont d'une figure élégante, et très-bien proportionnés dans leur petite taille. Ils font des sauts et des bonds prodigieux : on en a vu qui sautaient par-dessus une muraille de dix à douze pieds de haut; mais apparemment ils ne peuvent courir long-tems, car les Indiens les prennent à la course; les Nègres les chassent de même, et les tuent à coups de bâton ou de petites zagaies; on les cherche beaucoup, parce que la chair en est excellente à manger. Ces petits animaux ne peuvent vivre que dans des climats extrêmement chauds; ils sont d'une si grande délicatesse, qu'on a beaucoup de peine à les transporter vivans en Europe, où ils périssent en peu de temps; ils sont doux, familiers, et de la plus jolie figure.

LE PYGMÉ.

LE Pygmé est le plus petit des Chevrotins. Celui dont on voit ici la figure, n'a point de cornes: c'est le Chevrotin des Indes orientales; celui qui a des cornes est le Chevrotin du Sénégal.

Tous ces petits animaux ne peuvent vivre que dans les climats très-chauds. Leurs pieds fourchus indiquent qu'ils ne doivent produire qu'en petit nombre; cependant, à cause de leur petitesse, ils doivent au contraire produire un grand nombre à chaque portée. Ceux qui sont à portée de les observer, pourront seuls nous instruire sur ce fait. M. de Buffon croit qu'ils ne font qu'un ou deux petits à la fois; mais peut-être produisent-ils souvent, car ils sont en très-grand nombre aux Indes, à Java, à Ceylan, au Sénégal, à Congo, il ne s'en trouve point en Amérique, ni en aucune des contrées tempérées de l'ancien continent.

1. le Chevrotain.   2. le Pigmé.

1. le Cerf.   2. la Biche.

J.B. Huet Sc.

LE CERF.

CET animal innocent anime la solitude des forêts. Il a tous les sens exquis, l'œil bon, l'odorat fin, l'oreille délicate. Avant que de sortir du bois, il examine si rien ne peut l'inquiéter. D'un naturel doux, sociable, il s'apprivoise aisément, n'est craintif et fugitif qu'autant qu'on le poursuit. Sa femelle est la Biche; elle ne met bas qu'un Faon. La tête des Cerfs est parée plutôt qu'armée d'un bois vivant : il croît et pousse comme le bois d'un arbre; d'abord tendre comme de l'herbe, il se durcit comme le bois. Le Cerf frotte sa tête contre les arbres pour s'en débarrasser. Son bois, ainsi que les végétaux, tient de la nature du sol : il est grand, léger, tendre dans les pays fertiles et humides, dur, court, pesant, sec dans les pays stériles. Les Cerfs entrent en rut au commencement de septembre, crient d'une voix forte, donnent la tête contre les arbres, paroissent transportés et furieux; ne font que marcher, courir, combattre et jouir. Les plus vieux se rendent toujours les maîtres. Les rigueurs de l'hiver les réunissent; ils se mettent en hordes au mois de décembre, se réunissent en troupes, se tiennent serrés les uns contre les autres, s'échauffent de leur haleine. Le Cerf peut vivre trente-cinq à quarante ans. Cet animal est si léger et a les muscles si vigoureux, qu'il saute des haies et des murs de plus de six pieds de hauteur.

LA BICHE.

C'EST la femelle du Cerf; elle n'a point de bois; ne met bas qu'un Faon au bout de huit mois. Ses soins sont de l'élever. Pleine d'expérience, elle instruit sa jeunesse imprudente, à s'écarter au moindre danger, à fuir à la voix des chiens; quand il se laisse entraîner à l'attrait d'une curiosité qui peut lui devenir fatale, elle lui donne des coups de pied, et le fait rester tranquille. Lorsqu'elle entend l'approche des chasseurs, sa tendresse la porte à se présenter aux chiens, et à fuir devant eux. Les a-t-elle éloignés de son Faon, elle se dérobe adroitement à leur poursuite, et revient auprès de lui. L'animal reconnaissant suit sa mère jusqu'au moment du rut, où elle le chasse. La chair de la Biche est assez bonne à manger.

LE CHEVREUIL.

CET habitant des forêts est d'une figure agréable, gai, vif, léger, rusé, constant dans ses amours. La Chevrette porte cinq mois et demi, met bas au commencement du printems deux Faons, l'un mâle, l'autre femelle, les élève avec soin. Ces jeunes animaux, par la douce habitude de vivre ensemble, ne se quittent jamais. Lorsque le père rentre en chaleur, voulant jouir des plaisirs en secret, il chasse ses enfans. Le rut ne dure que quinze jours. Au bout de ce temps, ces jeunes animaux reviennent trouver leur mère. Elle les reçoit avec affection. La troupe s'accroît, et vit familièrement pendant l'hiver. Lorsque la saison des amours réveille les jeunes Faons, le frère et la sœur se retirent dans quelque autre partie de la forêt, deviennent à leur tour les chefs d'une nouvelle famille. La chasse du Chevreuil se fait avec de petites meutes; c'est toujours dans les terreins les plus élevés qu'il habite; l'amour paternel fait oublier tout péril à cet animal si rusé : le chasseur le fait venir, sous son fusil, en imitant le cri plaintif des petits Faons. On ne peut en élever que dans des parcs qui aient au moins cent arpens. Ils conservent toujours le désir de leur liberté.

LE DAIM.

LE Daim est inférieur au cerf pour la force et la souplesse, mais il en a presque toutes les habitudes naturelles; il vit dans les bois, se nourrit des jeunes branches, rumine, renouvelle son bois tous les ans, est inconstant dans ses amours, jouit par droit de conquête, prend ses plaisirs avec plus de ménagement. La femelle porte huit mois, et ne met jamais au jour plus de trois Faons, le plus souvent un seul. Les Daims sont en état de produire et d'engendrer depuis deux ans jusqu'à seize. En un mot, il ne manque plus au Daim que de s'accoupler avec la Biche; mais la nature a établi entre ces deux espèces une antipathie mutuelle qui s'oppose à leur alliance. Les Daims se plaisent dans les climats tempérés et dans les collines. Plus sociables, ils se réunissent, vivent les uns avec les autres, forment des hordes qui livrent quelquefois la guerre à des hordes voisines, pour la convenance du terrein, qui reste en la possession du vainqueur, et le parti faible est relégué dans le mauvais terrein.

1. le Chevreuil.   2. le Daim.

Huet fils del.   J. B. Huet, sc.

1. le Renne.   2. Jeune Renne.

Huet, fils del.   J.B. Huet, sc.

LA RHENNE.

Cet animal des pays froids du nord, rend à lui seul autant de services qu'un cheval, une vache et une brebis ensemble. Il broute l'herbe tendre, les jeunes feuilles grasses et épaisses, n'aime point le jonc et les herbes rudes et dures. L'hiver, il écarte la neige, pour se nourrir d'une mousse blanche, ou espèce de lichen, qui l'engraisse ; il rumine ; comme le cerf, son bois, d'une forme singulière, tombe, et se renouvelle malgré la castration. Les femelles en portent comme les mâles ; elles entrent en chaleur vers la fin de septembre, sont très-rarement stériles, mettent bas un Faon dans le mois de mai, le nourrissent, l'élèvent au milieu des champs en plein air, jusqu'à ce qu'il soit assez fort pour chercher lui-même sa nourriture. La Rhenne est naturellement sauvage, intraitable. Les Lapons sont parvenus à en faire un animal domestique très-utile. Il ne coûte que trois florins dans le pays. Ce n'est pas être riche que d'avoir deux ou trois cents Rhennes. On les enferme dans de grands parcs près des forêts. On les veille jour et nuit, l'hiver et l'été. Ils sont tous marqués sur leur bois ou leurs oreilles, pour les reconnaître s'ils s'égarent lorsqu'on les mène au pâturage. La voiture des Lapons est une espèce de traîneau, qu'ils nomment *pulka*, il n'y a place que pour la moitié du corps d'un homme. La Rhenne, attachée à ce traîneau par une longe qui lui passe devant le poitrail, le tire avec une rapidité singulière, en foulant d'un pied léger les chemins de neige marqués de branches de sapin. Plus le chemin est ferme et battu, plus la course de la Rhenne est rapide. Il s'emporte quelquefois au point de n'écouter ni la voix de son maître, ni la bride attachée à son bois, ou s'il est forcé d'arrêter, il se retourne d'impatience, et vient fouler aux pieds son conducteur, si celui-ci n'a pas soin de se renverser et de présenter le dessous du traîneau aux pieds de l'animal. Les Lapons voyagent assez souvent par caravanes, pour troquer les peaux et les poissons. Ils suivent un à un le chemin tracé. Au renouvellement des saisons, ces animaux maigrissent, leur bois ressemble à des os calcinés. Outre cette maladie périodique, ils sont sujets à une espèce de vers qui s'engendre dans leur dos. Les Lapons se nourrissent de la chair de Rhenne, excellente en automne. Son poil roux et frisé lorsque l'animal est jeune, brun lorsqu'il est vieux, est une très-bonne fourrure.

LE CHAMOIS.

Ces animaux se plaisent dans les lieux les plus escarpés, au milieu des précipices. On en voit sur les Alpes, les Pyrénées. Timides, alertes, méfians, ils vivent
en troupes ; redoutent la grande ardeur du soleil ; ne vont paître l'herbe, chercher
des racines que le matin et le soir. Pendant que la troupe mange tranquillement,
il y en a toujours un qui fait le guet. Au moindre danger, il les avertit par un
sifflement, et la troupe fuit de rochers en rochers. Ils vont par bonds, par sauts ;
leurs jambes vigoureuses font l'effet d'autant de ressorts qui ralentissent les se-
cousses terribles qu'ils éprouvent en se précipitant. A les voir sauter ainsi au
milieu des précipices, on dirait qu'ils ont des aîles. La chasse en est très-dange-
reuse ; les chiens ont bien de la peine à les joindre ; le chasseur est exposé à tout
moment au bord des précipices. L'animal surpris dans un détroit, cherche à se
sauver, s'élance sur le chasseur, le renverse au milieu des rochers. On n'a
d'autre ressource que de se coucher ventre à terre. La femelle porte neuf mois ;
elle n'expose point les jeunes Chamois sur le penchant des rochers escarpés,
qu'ils ne soient assez forts pour supporter toute la fatigue de ces courses. On fait
avec leurs cornes des pommes de canne. Leur peau s'emploie pour faire des
gants, bas et culottes.

LA GAZELLE.

On en distingue plusieurs espèces différentes. On les voit aux Indes orientales
et dans l'Afrique. Les Gazelles vivent en société, n'ont point de dent à la mâchoire supérieure, et ruminent. C'est un charme de voir des troupeaux entiers
de ces jolis animaux, vifs, légers à la course ; leurs yeux sont noirs ; leur regard
est plein de vivacité et de douceur. C'est un proverbe commun chez les Orientaux,
de comparer les yeux d'une belle femme à ceux d'une Gazelle. La chasse de la
Gazelle est singulière. On mène dans les lieux habités par les Gazelles sauvages,
un mâle apprivoisé ; la Gazelle sauvage, à la vue de ce nouveau rival, animée
par la jalousie, vient fondre sur lui tête baissée ; à l'instant ses cornes s'entre-
lacent dans des cordes qu'on a attachées à la tête de la Gazelle domestique. L'animal ne peut se sauver ; le chasseur, qui s'est mis en embuscade, accourt et le tue.

1. le Chamois.   2. la Gazelle.

Huet fils del.

J. B. Huet sc.

1. le Condoma.   2. le Gnou.

LE CONDOMA.

CES animaux se trouvent dans l'intérieur des terres du Cap de Bonne-Espérance. Ils ne vont point en troupes comme certaines espèces de gazelles. Ils font des bonds et des sauts surprenans : on en a vu franchir une porte grillée qui avait dix pieds de hauteur, quoiqu'il n'y eût que très-peu d'espace pour pouvoir s'élancer. On peut les apprivoiser et les nourrir de pain.

Cet animal ressemble assez au cerf par la légèreté de sa marche, la finesse de ses jambes. Sa tête est couverte de poils bruns, avec un petit cercle de couleur roussâtre autour des yeux. Le Condoma de la ménagerie du prince d'Orange était fort doux : il vivait en bonne union avec les animaux qui paissaient avec lui dans le même parc ; et dès qu'il voyait quelqu'un s'approcher de la cloison qui était autour, il accourait pour prendre le pain qu'on lui offrait ; on le nourrissait de riz, d'avoine, d'herbes, de foin, de carottes, etc. Dans son pays natal, il broutait l'herbe et mangeait les boutons et les feuilles des jeunes arbres, comme les cerfs et les boucs.

LE GNOU.

CE bel animal, qui se trouve dans l'intérieur des terres de l'Afrique, a long-temps été inconnu aux naturalistes. Milord Bute est le premier qui en ait donné connaissance. Cet animal est très-remarquable, non-seulement par sa grandeur, mais encore par la beauté de sa forme, par la crinière qu'il porte tout le long du cou, par sa longue queue touffue, et par plusieurs caractères qui semblent l'assimiler en partie au cheval et en partie au bœuf. Ses jambes sont semblables et d'une finesse égale à celles du cerf, ou plutôt de la biche ; le pied est fourchu. On dit que dans son état sauvage, il est aussi farouche et aussi méchant que le buffle, quoiqu'il soit beaucoup moins fort. On en voit un très-beau dans le jardin du Muséum d'histoire naturelle de Paris. Sans avoir l'air entièrement féroce, il indique cependant qu'il n'aimerait pas que l'on s'approchât de lui. Lorsqu'on essaie de le toucher à travers les barreaux de sa cage, il baisse la tête, et menace avec ses cornes la main qui veut le caresser. Il se nourrit de foin, et paroît fort vigoureux. La race en est très-nombreuse et fort répandue dans l'Afrique. *Gnou* est le nom que lui donnent les Hottentots. Sa taille est à-peu-près celle d'un âne, trois pieds et demi environ.

LE BOUC.

C'est le mâle de la Chèvre. On en distingue deux espèces, le Bouc sauvage et le Bouc domesique. Le premier habitant des Alpes, est plus grand, plus fort, plus léger, on le nomme aussi *Bouquetin*. Il habite les sommets des montagnes couvertes d'une neige ou d'une glace qui ne fond jamais. A cause de la chaleur de son tempéramment, il ne pourroit guère vivre ailleurs sans perdre la vue. Il s'élance sur les rochers les plus escarpés, franchit les précipices, et lorsque le pied lui manque, il tombe sur les cornes sans se faire mal. Il se rue sur les chasseurs; mais lorsqu'il est engagé dans un défilé étroit, il perd courage et se laisse prendre. Le Bouc domestique est un animal puant, mais très-chaud, et si vigoureux, qu'un seul suffit à cent cinquante chèvres : aussi est-il vieux et épuisé à cinq ou six ans. Les Boucs qui n'ont point de cornes sont moins pétulans, moins dangereux; ils sont préférables pour les troupeaux. La barbe du Bouc ordinaire est employée dans les perruques. Sa peau bien préparée, a la qualité de celle du daim. On en fait des maroquins en France.

LA CHÈVRE.

Cet animal domestique a du sentiment, de l'agilité, quelquefois du caprice; s'accoutume difficilement au froid, s'expose plus volontiers à l'ardeur brûlante du soleil. Son tempéramment robuste s'accommode de toutes les plantes; les titymales surtout sont fort de son goût. La Chèvre rumine comme la vache. En chaleur dans l'automne, elle met bas au bout de trois mois un ou deux Chevraux. Le lait de la Chèvre est doux, léger, et retient quelque chose de la qualité des plantes astreingentes ou purgatives que l'animal a digérées : aussi apporte-t-on une attention particulière pour la nourriture des Chèvres, dont le lait est destiné à rétablir des estomacs délicats. On a vu quelquefois la Chèvre compatissante, attirée par les cris d'un enfant abandonné, venir à son secours et lui servir de mère. On fait avec le lait des Chèvres de très-bons fromages.

1. le Bouc.   2. la Chèvre.

1. le Bouc Angora.   2. la Chèvre Angora.

L E   B O U C   A N G O R A.

L A   C H È V R E   A N G O R A.

Quoique les espèces dans les animaux, dit M. de *Buffon*, soient toutes séparées par un intervalle que la nature ne peut franchir, quelques-unes semblent se rapprocher par un si grand nombre de rapports, qu'il ne reste, pour ainsi dire, entr'elles que l'espace nécessaire pour tirer la ligne de séparation; et lorsque nous comparons ces espèces voisines, et que nous les considérons relativement à nous, les unes se présentent comme des espèces de première utilité, et les autres semblent n'être que des espèces auxiliaires, qui pourraient, à bien des égards, remplacer les premières et nous servir aux mêmes usages. Si la brebis pouvait nous manquer, la Chèvre pourrait y suppléer. Nous avons indiqué les produits de la chèvre commune; ses habitudes. Le Bouc et la Chèvre angora n'en ont pas de différentes essentiellement : leur vêtement seulement est une richesse de plus pour l'homme. Suivant l'opinion de M. Sonnini, les Chèvres des autres contrées, telle que celle dont nous parlons, ne constituent pas des espèces séparées, mais seulement des variétés ; car la plupart se mêlent avec la race de notre pays : ce sentiment est celui de M. de Buffon. Le Bouc angora a les cornes à-peu-près aussi longues que le Bouc ordinaire, mais différemment contournées. Ces animaux ont le poil très-long, très-fourni, et si fin qu'on en fait des étoffes aussi belles et aussi lustrées que nos étoffes de soie. C'est surtout dans les climats chauds que l'on nourrit des Chèvres en grande quantité, et on ne leur donne point d'étable : en France, elles périraient, si on ne les mettait pas à l'abri pendant l'hiver. Dans les pays de plaine, on met obstacle à leur multiplication, parce qu'elles dévorent les bourgeons des arbres et des haies; mais l'homme pauvre en connaît bien le prix : fidèle compagne de sa misère, elle soulage ses besoins et fait le bonheur de sa nombreuse famille.

G

LA CHÈVRE D'EGYPTE.

L'on voit actuellement, dans le parc du Muséum d'histoire naturelle de Paris, cette Chèvre qui a été amenée d'Egypte lorsque l'Empereur Napoléon en fit la conquête ; elle est assez petite, a les oreilles longues et pendantes, la laine longue et soyeuse. Nous n'avons encore aucune description particulière de cette Chèvre. Ses habitudes paraissent les mêmes que celles des autres animaux de son espèce. Elle est d'une forme extrêmement agréable, ce qui a engagé M. Huet à lui donner place dans cette Collection.

LE BOUQUETIN.

Le Bouquetin ou bouc sauvage ressemble entièrement et exactement au bouc domestique, par la conformation, l'organisation, le naturel et les habitudes physiques ; il n'en diffère que par deux légères différences, l'une à l'extérieur et l'autre à l'intérieur ; les cornes du Bouquetin sont plus grandes que celles du bouc ; elles ont deux arêtes longitudinales ; celles du bouc n'en ont qu'une ; elles ont aussi de gros nœuds ou tubercules traversaux, qui marquent les années de l'accroissement, au lieu que celles du bouc ne sont, pour ainsi dire, marquées que par des stries transversales ; la rate est de forme ovale ; cette différence peut provenir du grand mouvement et du violent exercice de l'animal. Le Bouquetin court aussi vîte que le cerf, et saute plus légèrement que le Chevreuil ; il doit donc avoir la rate faite comme celle des meilleurs coureurs. Ainsi le Bouquetin et le bouc sont tous deux d'une seule et même espèce.

On voit au jardin du Muséum d'histoire naturelle de Paris, un mâle et une femelle qui ont produit de petits Bouquetins ; ils sont très-familiers, mais répandent au loin une odeur très-forte et peu agréable.

1. la Chêvre d'Egipte.   2. le Bouquetain.

Huet fils del.   J.B. Huet sc.

1. le Bélier   2. la Brebis.

Huet del.   J.B. Huet fe.

LE BÉLIER.

LA BREBIS.

C'EST par nos soins que cette espèce se conserve. La Brebis est absolument sans ressource et sans défense; le Bélier n'a que de faibles armes; son courage n'est qu'une pétulence inutile pour lui-même, et qu'on détruit par la castration. Les moutons sont encore plus timides que les Brebis; c'est par crainte qu'ils se rassemblent en troupeaux; il leur faut un chef, qu'on instruit à marcher le premier, encore faut-il qu'il soit chassé par le berger ou excité par le chien commis à leur garde. Ce sont donc de tous les animaux quadrupèdes les plus stupides, mais les plus précieux pour l'homme; seule, la Brebis peut suffire aux besoins de première nécessité, nourriture et vêtement. Il semble que la nature ne lui a rien accordé en propre, rien donné que pour le rendre à l'homme. L'amour est le seul sentiment qui semble donner quelque vivacité au Bélier; il devient pétulent, se bat, et attaque quelquefois son berger; mais la Brebis, quoiqu'en chaleur, n'en paraît pas plus animée, pas plus émue. Le jeune agneau au milieu d'un nombreux troupeau, cherche, trouve et saisit la mamelle de sa mère. Ces animaux, dont le naturel est si simple, sont d'un tempéramment très-faible. L'ardeur du soleil les incommode autant que l'humidité, le froid et la neige. La castration doit se faire à l'âge de cinq ou six mois, au printems ou en automne, dans un temps doux. Le Bélier est en état d'engendrer dès l'âge de dix-huit mois, et à un an la Brebis peut produire. La chair du Bélier a toujours un mauvais goût; celle de la Brebis est molasse et insipide, au lieu que celle du mouton est la plus succulente et la meilleure de toutes les viandes communes. Tous les ans on fait la tonte de la laine des moutons, des Brebis et des agneaux. La laine des moutons est ordinairement plus abondante et la meilleure. On tire encore un avantage considérable des moutons en les renfermant dans des parcs : le fumier, l'urine et la chaleur de leur corps raniment les terres épuisées.

LE BÉLIER MÉRINOS.

LA BREBIS MÉRINOS.

C'est une espèce d'Espagne ; celle qui produit la plus belle laine. Depuis long-temps l'on s'occupe en France de croiser cette race avec les plus belles de cet Empire. A Rambouillet, à l'Ecole Vétérinaire d'Alfort, le gouvernement en entretient et en soigne des troupeaux qui produisent des métis, et beaucoup de cultivateurs en ont acquis, et ont déjà éprouvé combien leur laine en devenait plus belle. Cette race espagnole se reconnaît à ces caractères : yeux vifs, brillans, corps rond, trapu, jambes très-fortes et larges, éminences osseuses de la tête bien dessinées, laine très-blanche, soyeuse et tassée couvrant le corps, les jambes et une partie de la tête, suint très-abondant, en sorte que leur laine réunie forme comme des écailles ou de grosses pelottes. Taille des Brebis, dix-huit à dix-neuf pouces.

Les Brebis mérinos ou espagnoles, acclimatées en France, ne perdent absolument rien des qualités qui les distinguent ; en les croisant avec les races les plus communes de tous les pays, on obtient des métis qui se rapprochent plus ou moins rapidement de la race espagnole. Ces faits sont parfaitement connus, et n'ont pas besoin de démonstration. Il n'en est pas ainsi d'une foule d'autres faits intéressans qui, déjà plus ou moins connus, avaient besoin d'être confirmés par des expériences positives. L'amélioration des bêtes à laine, peut être considérée sous des points de vue différens : la qualité ou la quantité de la laine, la taille, les formes et la chair des animaux. Le premier de ces points de vue n'a plus besoin d'explication et d'étude : tous les doutes sont levés par l'examen des échantillons qui ont été soumis au jugement et à la vue des amateurs ; les autres doivent exercer encore les naturalistes, et nécessiter des expériences longues, mais dont le résultat ne peut devenir que très-satisfaisant. Jusqu'à présent, le commerce n'a qu'à se louer des efforts du gouvernement pour partager avec nos voisins une branche de commerce aussi utile.

1. le Bélier Mérinos.   2. la Brebis Mérinos.

1. le Bélier d'Afrique   2. la Brebis d'Afrique.

Ch.t fils del.   J. B. Huet sc.

LE BÉLIER D'AFRIQUE.

LA BREBIS D'AFRIQUE.

Dans les pays chauds, on ne voit ordinairement que des Brebis à cornes courtes et à queue longue, dont les unes sont couvertes de laine, les autres de poil, et d'autres encore de poil mêlé de laine; la première de ces Brebis des pays chauds est celle que l'on appelle communément *Mouton de Barbarie*, *Mouton d'Arabie*, laquelle ressemble entièrement à notre Brebis domestique, à l'exception de la queue qui est si fort chargée de graisse, que souvent elle est large de plus d'un pied et pèse plus de vingt livres. « C'est un grand fardeau que » cette queue à ces pauvres animaux, dit *Chardin*, d'autant plus qu'elle est » étroite en haut et large en bas; vous en voyez souvent qui ne la sauraient » traîner, et à ceux-là on leur met la queue sur une machine à deux roues, » à laquelle on les attache par un harnois. »

Dans le levant, cette Brebis est couverte d'une très-belle laine; dans les pays chauds, comme à Madagascar et aux Indes, elle est couverte de poil. La sur-abondance de la graisse, qui dans nos moutons se fixe sur les reins, descend dans ces Brebis sous les vertèbres de la queue. C'est au climat, à la nourriture et aux soins de l'homme, qu'on doit rapporter cette variété; car ces Brebis à larges ou longues queues sont domestiques comme les nôtres, et même elles demandent beaucoup plus de soins et de ménagement.

La race en est très-répandue : on la trouve en Tartarie, en Perse, en Syrie, en Égypte, en Barbarie, en Éthiopie, au Mosambique, à Madagascar, et jus-qu'au Cap de Bonne-Espérance. La graisse de la queue de ces animaux ne prend jamais de consistance, et reste liquide comme l'huile. Les habitans du Cap s'en servent cependant en y ajoutant une partie de graisse prise aux rognons, ce qui compose une sorte de matière qui a de la consistance et le goût même du sain-doux; les gens du commun la mangent avec du pain, et l'emploient aussi aux mêmes usages que le sain-doux et le beurre.

LE BÉLIER DE CORSE.

LE BÉLIER DE BARBARIE.

Ces deux animaux ressemblent à ceux que nous avons déjà décrits, et nous ne les considérons que sous le rapport du dessein ; ils offrent des formes très-agréables ; ils ne diffèrent que par la qualité de leur toison.

De toutes ces espèces de Béliers et de Brebis, il en est une sans doute qui est la souche primitive. Quoique ces cinq ou six races de Béliers domestiques, dit M. de Buffon, soient toutes des variétés de la même espèce, entièrement dépendantes de la différence du climat, du traitement et de la nourriture, aucune de ces races ne paraît être la souche primitive et commune de toutes ; aucune n'est assez forte, assez légère, assez vive, pour résister aux animaux carnassiers, pour les éviter, pour les fuir ; toutes ont également besoin d'abri, de soins, de protection ; toutes doivent donc être regardées comme des races dégénérées, formées des mains de l'homme, et par lui propagées pour son utilité. En même temps qu'il aura nourri, élevé, multiplié ces races domestiques, il aura négligé, chassé, détruit la race sauvage, plus forte, moins traitable, et par conséquent plus incommode et moins utile. Elle ne se trouvera plus qu'en petit nombre dans quelques endroits : si on trouve dans les montagnes de la Grèce, dans les îles de Chypre, de Sardaigne, de Corse, et dans les déserts de la Tartarie, l'animal que nous avons nommé *Mouflon*, c'est cet animal que M. Buffon croit être la souche primitive de toutes les Brebis. Il ressemble, continue-t-il, plus qu'aucun autre animal sauvage à toutes les Brebis domestiques ; il produit avec elles ce qui seul suffirait pour démontrer qu'il est de la même espèce et qu'il en est la souche. La seule disconvenance qu'il y ait entre le Mouflon et nos Brebis, c'est qu'il est couvert de poil et non de laine, mais la laine ne paraît pas un caractère essentiel.

Cette opinion paraît adoptée par plusieurs savans. M. Sonnini remarque que les parties intérieures de cet animal n'ont d'autres différences avec celles du Bélier, que celles que l'on remarque entre les animaux sauvages et les mêmes réduits en domesticité.

1. le Belier de Corse.   2. le Belier de Barbarie.

1 . le Taureau.   2 . la Vache.

Huet fils del.   J. B. Huet sc.

LE TAUREAU.

Plus fort, plus vigoureux que le bœuf, le Taureau est aussi plus indocile et plus fier. Il ne souffre point le joug patiemment. Dans le temps du rut, il est indomptable. Un ton de voix grave et mâle, une démarche noble et orgueilleuse le distinguent du reste du troupeau, surtout lorsqu'au retour du printemps, il vient à la tête de son sérail, prendre possession du pâturage. La castration du Taureau se fait à dix-huit mois ou deux ans. Du reste, il a l'instinct et les habitudes du bœuf, sa manière de vivre, boit, dort, mange, rumine comme lui. Il est sujet aux mêmes maladies. Laisse après sa mort une dépouille aussi utile. On se sert de son sang pour purifier le sucre et dans la préparation du bleu de Prusse.

LA VACHE.

Nom de la femelle du taureau. La Vache fait la richesse de la ferme et est le soutien du ménage champêtre. Elle n'a pas la force du bœuf; on l'emploie quelquefois aux labours. Ce qui rend sa vie plus précieuse encore à l'espèce humaine, c'est que non-seulement elle nous donne le lait, cette nourriture si savoureuse, si pectorale, qui fait nos délices, mais encore sa fécondité nous enrichit, augmente nos troupeaux, étend notre domaine, fournit des secours pour l'agriculture, ou des vivres pour notre subsistance. On peut traire une vache deux fois en été, une fois en hiver. La nourriture qu'on lui donne contribue tellement à la qualité du lait, qu'il serait possible de lui communiquer une vertu purgative en faisant manger à l'animal des plantes qui auraient ces propriétés. Le beurre, le fromage, sont des mets exquis que nous devons à cette douce liqueur renouvelée tous les jours, et dont les pis des Vaches sont les réservoirs. Une Vache porte neuf mois, avorte si on ne la ménage pas, met bas avec fatigue, allaite son veau, et se laisserait épuiser si l'on n'avait soin de l'en séparer au bout de cinq ou six jours.

LE ZÉBU.

Le Zébu semble être un diminutif du bison, dont la race, ainsi que celle du bœuf, subit de très-grandes variétés, surtout pour la grandeur. Le Zébu, quoiqu'originaire des pays très-chauds, peut vivre et produire dans nos pays tempérés. La loupe qu'il porte sur les épaules, est une fois plus grosse dans le mâle que dans la femelle, qui est aussi d'une taille au-dessous de celle du mâle. Le petit Zébu tète sa mère comme les autres veaux tètent les vaches. Mais le lait de la mère Zébu tarit bientôt dans notre climat, et on achève de les nourrir avec de l'autre lait. Il se trouve aussi dans la race des bœufs sans bosse de très-petits individus. Gemelli vit sur la route d'Ispahan à Schiras, deux petites vaches qui n'étoient pas plus grosses que des veaux. Quoique nourries de paille seulement, elles étoient très-grasses.

M. Sonnini croit qu'il existe trois races de Zébus qui se distinguent par la taille, grande, moyenne et petite.

LE BUFFLE.

Cet animal est commun aux Indes, en Afrique, et depuis deux siècles en Italie. L'homme, par droit de conquête, a soumis encore à son empire cette espèce d'une grosseur énorme et d'un caractère naturellement farouche et fantasque. Deux Buffles rendent aux Italiens, pour le labour des terres, le service de quatre bœufs. On a inutilement tenté d'accoupler le Buffle avec la vache. On a remarqué de l'antipathie entre ces deux espèces. La femelle du Buffle donne abondamment du lait, dont on fait de très-bons fromages. Le Buffle sauvage de l'Afrique et des Indes a peu de feu; dans son état naturel il est assez paisible. Si on l'attaque, il revient sur son agresseur, le terrasse et le foule aux pieds. Les Indiens montent sur des arbres et le tuent à coups de flèche, mangent sa chair dure et fétide. Ils tirent profit de ses cornes et de sa peau.

Le Buffle femelle, en Perse, fournit jusqu'à vingt-deux pintes de lait.

F. IX.

Pl. 50.
1.
2.
1. le Zébu.   2. le Buffle.
Pretre fils del.   J. J. Juet sc.

1 . le Cheval .   2 . l'Ane .

F. IX. LES SOLIPEDES.

Un seul sabot.

___

LE CHEVAL.

Le Cheval sortant des mains de la nature, est jaloux de sa liberté. Fier de son indépendance, pétulant, mais sociable. Les chevaux sauvages vivent en troupe. A l'aspect d'un homme, ils s'irritent, le regardent d'un œil curieux; mais sans effroi ; l'un d'eux s'avance, hennit, prend la fuite, et la troupe le suit d'un pas léger. L'homme industrieux a soumis à son empire cet animal indocile. En perdant sa liberté, loin d'avoir perdu sa noblesse et sa fierté, il a acquis les grâces et le sentiment. On le dresse pour la pompe et pour le manège. Il est souple et attentif aux mouvemens qu'exige la main qui le guide. Les Perses avaient appris à leurs chevaux à s'accroupir pour recevoir les cavaliers. Dans les combats, il est courageux et plein de feu. Le bruit des armes et de l'artillerie, le font frémir et l'animent. En Arabie, les chevaux couchent dans la tente de leur maître, souffrent le badinage, n'osent remuer la nuit crainte de les blesser, passent le jour dehors sellé et bridé. A l'instant où l'Arabe monte et presse légèrement son cheval, celui-ci part comme un éclair, et franchit les fossés et les haies qui s'opposent à son passage.

L'ANE.

L'Ane est sobre, tempérant, il est originaire d'Arabie. Il vit en société dans la Lybie, dans la Numidie. Il est très-ardent, et cependant peu fécond, la femelle porte douze mois. Son lait est adoucissant, ce qui le fait ordonner de préférence. L'aliment de l'animal influe beaucoup sur la bonne qualité de son lait. L'âne s'accouple avec la jument, et donne l'espèce connue sous le nom de *mulet*. On fait avec la peau de l'âne des tambours, du gros parchemin. Sa peau, ainsi que celle de la croupe du cheval et du mulet, est employée à faire du *chagrin*. Cette peau étant préparée, on la soupoudre de grains de moutarde, dont l'astriction la fait germer ; on la colore ensuite de rouge ou de noir.

I

LES SOLIPÈDES.

LE ZÈBRE.

Le Zèbre est, de tous les quadrupèdes, le mieux fait et le plus élégamment vêtu ; il a la figure et les grâces du cheval, la légèreté du cerf. Dans les terres du Cap de Bonne-Espérance, qui paraissent être le pays naturel et la vraie patrie du Zèbre, on en a vu qui étaient attelés avec des chevaux à une voiture ; on en élevait même un assez grand nombre pour s'en servir à l'attelage. On rapporte, au sujet de cet animal, un fait assez singulier. Milord Elvire en revenant de l'Inde, amena avec lui une femelle Zèbre dont on lui avait fait présent au Cap de Bonne-Espérance. Après l'avoir gardée quelque temps dans son parc d'Angleterre, il lui donna un âne pour essayer s'il n'y aurait point d'accouplement dans ces animaux ; mais cette femelle zèbre ne voulut point s'en laisser approcher. Milord s'avisa de faire peindre cet âne comme un zèbre ; la femelle en fut la dupe, l'accouplement se fit, et il en est né un poulain parfaitement semblable à sa mère.

LE COUAGGA.

Cet animal paraît être une espèce bâtarde ou intermédiaire entre le cheval et le zèbre. Dans le journal d'un voyage entrepris dans l'intérieur de l'Afrique par ordre du Gouvernement du Cap de Bonne-Espérance, il est dit que les voyageurs virent, entre autres animaux, des *Quachas*, nom que les Hottentots lui donnent. Le caractère des Couaggas est plus docile que celui des Zèbres. Ils sont forts et très-robustes. Il est vrai qu'ils sont méchans, ils mordent et ruent ; quand un chien les approche de trop près, ils le repoussent à grands coups de pieds, et quelquefois ils le saisissent avec les dents. Ils marchent en troupes, souvent au nombre de plus de cent ; mais jamais un zèbre ne vit parmi eux, quoiqu'ils habitent les mêmes endroits. M. Gordon vit un jour deux troupes, l'une d'une dixaine de Couaggas adultes, et l'autre composée uniquement de poulains qui couraient après leurs mères ; il pressa son cheval entre les deux troupes, et un des poulains ayant perdu sa mère de vue, suivit son cheval, mais M. Gordon, fort éloigné de la Colonie, ne put le garder que jusqu'au lendemain, faute de lait pour le nourrir.

Huet fils del.   1. le Zèbre.   2. le Couagga.   J. B. H.tt f.

1. le Phoque.   2. le Morse.

Huet, fils del.   J. B. Huet, Sc.

ORDRE III.

A PIEDS EN NAGEOIRES.

F. X. LES AMPHIBIES.
Quatre pieds.

LE PHOQUE.

Cet animal nage mieux qu'il ne marche, fréquente les côtés plus que la haute mer, est presque insensible au chaud et au froid; vit de chair, d'herbes, de poissons, sent fort mauvais, a l'ouïe assez fin lorsqu'il n'est pas endormi; veut souvent dormir à terre ou sous les rochers, ou sur les glaces, sur-tout au soleil. Ses dents tranchantes et ses ongles crochus sont des armes vigoureuses avec lesquelles il attaque et se défend. Dans les grands orages, il vient se jouer sur les côtes au bruit du tonnerre et au feu des éclairs. On dirait qu'il s'amuse de ces désordres de la nature. Entre eux ils se livrent quelquefois des combats. Les femelles mettent bas à terre. Il y a des phoques d'eau douce. Les sauvages du détroit de Davis, les Kamschadals et les Finlandais, font vivement la chasse à ces amphibies. Leur chair fumée leur sert de nourriture, leur peau de vêtement, leur sang de médecine. Avec les os, ils font des ustensiles de ménage et de pêche. L'huile des jeunes phoques est fort bonne. C'est le seul des animaux aquatiques qui montre de l'instinct et de la docilité.

LE MORSE.

Cet animal amphibie a quelquefois plus de vingt-quatre pieds de longueur. Ses défenses, plus belles que l'ivoire, sont arquées en sens contraire de celles de l'éléphant. Elles lui servent à gravir sur les montagnes de glace, sur les rochers, à piocher le limon de la mer où il trouve des coquillages. Ces animaux n'habitent plus que les mers du nord les plus isolées. Ils vivent en société. Les plus forts veillent à la conservation des plus faibles. Les jeunes mangent au milieu de leurs mères qui les surveillent. Celles-ci ont deux mamelles pour les allaiter. Pour les attraper, on leur lance un harpon attaché à une corde, et on les traîne sur le rivage.

F. XI. LES CÉTACÉES.

/ Point de pieds de derrière.

LA BALEINE.

L'ORGANISATION intérieure de cet animal est semblable à celle des quadrupèdes, elle exige qu'il viennent souvent à la surface de la mer.

La nourriture de ces monstrueux poissons, qui ont au moins cent pieds de long, consiste en petits vers, insectes, poissons. La femelle a deux mamelles à la partie antérieure du corps. Elle porte son petit neuf à dix mois; le balaineau gros et grand comme un taureau, tette pendant un an. La pêche de la baleine, est difficile et très-périlleuse. Un des navires employés à cette pêche, s'avance jusqu'au lieu de leur passage. Un matelot fait signe, lorsqu'il en voit une. Les chalouppes approchent; le plus hardi pêcheur se place sur le devant de la chaloupe, lance un harpon et file la corde qui y est attachée. La baleine perd son sang et meurt. On l'attache avec des chaînes de fer aux côtés du bâtiment; les charpentiers chaussés de bottes, dont les semelles sont garnies de crampons de fer, se mettent à la dépécer. La baleine de Groéland, est l'espèce la plus considérable. Leur langue est un morceau de graisse dont on remplit plusieurs tonneaux. Leur mâchoire est garnie de fanons.

LE DAUPHIN.

CET animal mis au rang des baleines, a aussi le nom de *flèche de mer*, à cause de son agilité. Poursuivant les poissons, ou tourmenté par les insectes, il vient quelquefois échouer sur les côtes. Un cri plaintif est l'expression de sa peine. Les dauphins s'accouplent comme la baleine. Ils font la guerre aux poissons volans, et suivent les vaisseaux moins par amitié pour l'homme, que par gourmandise. Il est facile de les prendre avec un hameçon garni d'un morceau de viande. Ils voyagent par troupes. Leur badinage sur la surface des eaux, annonce la tempête. Leur chair est de mauvaise odeur. Leur graisse fournit de l'huile à brûler.

I

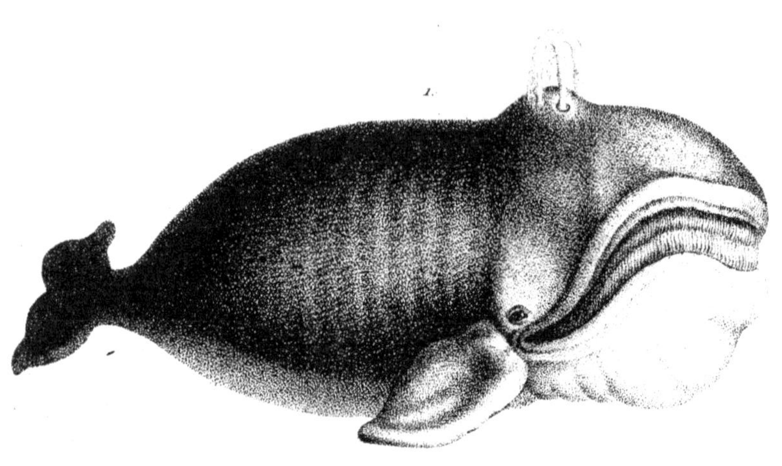

1. la Baleine.   2. le Dauphin.

9 782329 807942